Deutsch als Fremdsprache
Fachsprache

Bruno Liebaug

Wie spricht man in der Physik?

Einführung in die Sprache der Physik
an Beispielen aus
Mechanik und Elektrizitätslehre

sprachliche Voraussetzung: A2

Verlag Liebaug-Dartmann

Meckenheim 2018
ISBN 978-3-922989-97-4

Voraussetzungen

Die sprachliche Voraussetzung bei Selbststudium ist A2. In einem Sprachunterricht kann das Buch bereits parallel zu einem A2-Kurs eingesetzt werden.

Grammatische Voraussetzungen:
- Konjugation der Verben im Präsens und Perfekt
- Modalverben in der objektiven Bedeutung
- Deklination von Nomen und Adjektiven
- Komparativ des Adjektivs
- Relativpronomen
- Nebensätze, Subjunktionen

Folgende Grammatikthemen werden im fachsprachlichen Zusammenhang eingeführt:
- Vorgangspassiv von Verben mit Akkusativobjekt
- Partizip I und Partizip II als Attribute
- Wortbildung
- Reflexive und reziproke Verben
- Nomen-Verb-Verbindungen: Kollokationen und Funktionsverbgefüge
- Der uneingeleitete Konditionalsatz

Schwerpunkt der Lektionen

- Bereich Physik
- Bereich Mathematik / mathematische Darstellung der Physik
- Sprachliche Erklärungen (auch unabhängig von der Physik)

Zusatzmaterial (Download auf www.liebaug-dartmann.de)

Links für den Download des Zusatzmaterials befinden sich unter der Beschreibung des Buchs „Wie spricht man in der Physik?" auf der Homepage.
- Lösungen der Aufgaben
- Kurze Videoclips mit Experimenten
- Hinweise für Lehrerinnen und Lehrer
- Arbeitsblätter und Ergänzungen zu einzelnen Lektionen mit Lösungen

Abkürzungen

Nom.	Nominativ	*Angabe des Plurals:*	der Kehrwert, **-e**
Gen.	Genitiv		*bedeutet: Pl.* die Kehrwert**e**
Dat.	Dativ		der Bruch, **¨e**
Akk.	Akkusativ		*bedeutet: Pl.* die Br**ü**ch**e**
Sg.	Singular		der Index, **Indizes**
Pl.	Plural		(bei unregelmäßiger Bildung)
↗	siehe oben, siehe	*Trennbare Verben:*	anziehen **(zieht … an)**
S.	Seite, Seiten	*Verb mit Präposition:*	ausüben **auf**$_{Akk.}$
Z.	Zeile, Zeilen		

Bildquellen

Muskel, Umschlag: https://pixabay.com/, Creative Commons CC0
Koffer, S. 19: https://pixabay.com/, Creative Commons CC0
Mann, S. 21, 28, 29 (Bildausschnitt): https://pixabay.com/, Creative Commons CC0
Mann mit Tasche, S. 28: https://pixabay.com/, Creative Commons CC0
Arme, Tasche, S. 30 (zusammengesetzt, gedreht): https://pixabay.com/, Creativ Commons CC0
Glühlampe, S. 57: https://pixabay.com/, Creative Commons CC0

Die übrigen Zeichnungen und Fotos: Bruno Liebaug

Über den Autor

Bruno Liebaug studierte Mathematik und Physik und war am Studienkolleg für ausländische Studierende an der Universität Bonn und am Abendgymnasium Euskirchen tätig. Neben Mathematik und Physik unterrichtete er am Studienkolleg auch viele Jahre lang Deutsch als Fremdsprache. Er veröffentlichte gemeinsam mit Dr. Adalbert Friederich das Lehrbuch „Mechanik" und mit Dr. Gabriele Neuf-Münkel die Begleitbände „Fachsprache Physik". Er hielt Vorträge und schrieb Artikel zum Thema Fachsprache. Seit 2015 erteilt er ehrenamtlich Deutsch- und Fachsprachenunterricht in der Flüchtlingshilfe Kall.

Wie spricht man in der Mathematik? Band 1: ISBN 978-3-922989-91-2
Wie spricht man in der Mathematik? Band 2: ISBN 978-3-922989-93-6

Inhalt

Lösungen der Aufgaben auf der Homepage des Verlags

Magnete

Versuch 1: Wir berühren verschiedene Stellen eines **Magneten** mit einer Büroklammer.
Ergebnis: Zwei Seiten des Magneten ziehen die Büroklammer stark an. An allen anderen Stellen ist die Anziehung geringer. In der Mitte zwischen den beiden Seiten gibt es fast keine Anziehung.

Pol | Indifferenzzone | Pol | N | S | Büroklammer | Magnet

Die beiden Seiten, die die Büroklammer stark anziehen, heißen **Pole**.
Dort, wo der Magnet die Büroklammer nicht anzieht, ist die **Indifferenzzone**.

Versuch 2: Wir hängen einen Magneten an einem Faden auf. Die beiden Pole sind auf gleicher Höhe.
Ergebnis: Der Magnet pendelt um die senkrechte Achse. Nach einiger Zeit zeigt ein Pol in Richtung Norden, der andere in Richtung Süden.

Der Pol, der nach Norden zeigt, heißt **Nordpol**, der andere Pol heißt **Südpol**.

Versuch 3: Wir nähern dem Nordpol eines Magneten den Südpol eines anderen Magneten.
Ergebnis: Die beiden Magnete ziehen sich stark an.

anziehen | nähern

Versuch 4: Wir nähern dem Südpol eines Magneten den Südpol eines anderen Magneten. Danach nähern wir dem Nordpol eines Magneten den Nordpol des anderen Magneten.
Ergebnis: Die beiden Magnete stoßen sich in beiden Fällen ab.

abstoßen

Zwei Nordpole sind **gleichnamig**. Zwei Südpole sind gleichnamig.
Ein Nord- und ein Südpol sind **ungleichnamig**.

> Gleichnamige Pole stoßen sich ab, ungleichnamige Pole ziehen sich an.

Versuch 5: Wir halten einen Magneten an verschiedene Materialien (Stoffe).
Ergebnis: Der Magnet zieht **Eisen** (Fe), **Nickel** (Ni) und **Kobalt** (Co) an. Der Magnet zieht die meisten Metalle wie Aluminium (Al) und Kupfer (Cu) nicht an. Der Magnet zieht Nichtmetalle wie Papier, Plastik, Holz nicht an.

> Materialien, die ein Magnet anzieht, heißen **ferromagnetisch**.

der **Pol**, -e (Nordpol, Südpol)
die **Indifferenzzone**, -n
die **Achse**, -n; **senkrecht** | **pendeln**
gleichnamig – **ungleichnamig**
anziehen (zieht … an)
abstoßen (stößt … ab)
berühren *Akk.*, (mit$_{Dat.}$)
nähern *Akk.*, *Dat.*
ferromagnetisch
das **Material,** -ien (der Stoff)

Deklination von „Magnet“:
schwach (*n*-Deklination) **oder** stark
In der Physik meistens:
Singular schwach, Plural stark

	Sg.	*Pl.*
Nom.	der Magnet	die Magnet**e**
Gen.	des Magnet**en**	der Magnet**e**
Dat.	dem Magnet**en**	den Magnet**en**
Akk.	den Magnet**en**	die Magnet**e**

Übungen

1. Eine Antwort ist richtig. Kreuzen Sie an. ☒

1. a) Eine Büroklammer hat einen Nord- und einen Südpol. ☐
   b) Zwischen den Polen eines Magneten gibt es eine Indifferenzzone. ☐
   c) In der Indifferenzzone kann man eine starke Anziehung feststellen. ☐
2. a) Jeder Magnet hat zwei Pole. ☐
   b) Ein Magnet, der zwei Nordpole hat, ist gleichnamig. ☐
   c) Ein Magnet, der zwei Südpole hat, stößt sich ab. ☐
3. a) Ein Magnet zieht einen anderen Magneten immer an. ☐
   b) Ein Magnet stößt einen anderen Magneten immer ab. ☐
   c) Die Nordpole zweier Magnete stoßen sich ab. ☐
4. a) Ein Magnet zieht alle Stoffe an. ☐
   b) Ein Magnet stößt nicht ferromagnetische Stoffe ab. ☐
   c) Ein Magnet zieht ferromagnetische Stoffe an. ☐
5. a) Metalle sind ferromagnetisch. ☐
   b) Nichtmetalle sind ferromagnetisch. ☐
   c) Einige Metalle sind ferromagnetisch. ☐

2. Verbinden Sie die Verben mit den Erklärungen.

1.	nähern	a)	mit Kraft zu sich ziehen
2.	anziehen	b)	in Kontakt kommen
3.	abstoßen	c)	in die Nähe bringen
4.	berühren	d)	mit Kraft von sich weg stoßen

3. Ergänzen Sie die Antonyme.

a)	anziehen		bei Magneten
b)	anziehen		bei Kleidung
c)		ausziehen	bei Wohnung

4. Schreiben Sie auf, was passiert.

a) Wir nähern einem Eisenstück den Nordpol eines Magneten.
b) Wir bringen den Südpol eines Magneten in die Nähe des Südpols eines anderen Magneten.

5. Nennen Sie

a) drei ferromagnetische Metalle.
b) drei nicht-ferromagnetische Metalle.

6. Wir halten einen Magneten an Münzen. Wir stellen fest:

Der Magnet zieht das 1-Cent-, das 2-Cent- und das 5-Cent-Stück stark an.
Der Magnet zieht das 10-Cent-, das 20-Cent- und das 50-Cent-Stück nicht an.
Der Magnet zieht das 1-Euro-Stück und das 2-Euro-Stück schwach an.

a) Besteht das 5-Cent-Stück aus Kupfer? Begründen Sie Ihre Antwort.
b) Welche Geldstücke enthalten ferromagnetische Stoffe?
c) Woraus bestehen die Münzen? Suchen Sie die Antwort im Internet.

2

Wortbildung

Präfixe bei Verben

berühren, **be**rührt, hat **be**rührt — Die Büroklammer **berührt** den Magneten.

be- ist ein **untrennbares Präfix**. Im Partizip II (Partizip zwei) gibt es kein ***-ge-***.
Immer untrennbar sind: *be-, emp-, ent-, er-, ge-, hinter-, miss-, ver-, zer-*
Der Unterricht beginnt. Ich erledige die Hausaufgaben. Der Versuch ist misslungen.

anziehen, zieht **an**, zog **an**, hat **angege**zogen — Ein Magnet **zieht** Eisen **an**.
abstoßen, stößt **ab**, stieß **ab**, hat **abge**stoßen — Zwei Nordpole **stoßen** sich **ab**.

an- und ***ab-*** sind **trennbare Präfixe**. Im Infinitiv schreibt man Präfix und Verb zusammen. Im Partizip II schreibt man ***-ge-*** zwischen Präfix und Partizip II des Grundverbs. Die meisten Präfixe sind trennbar.

Einige Präfixe sind **manchmal trennbar, manchmal untrennbar**:
durch-, über-, um-, unter-, wieder-, wider- **(´ Betonung)**
Der Faden reißt dúrch. (**dúrch**reißen) Er durchsúcht die Tasche. (**durch**súchen).

Suffix *-ung*: Verb → Nomen

anziehen	– die Anzieh**ung**	abstoßen	– die Abstoß**ung**
messen	– die Mess**ung**	beschreiben	– die Beschreib**ung**
erklären	– die Erklär**ung**	verständigen	– die Verständig**ung**

Suffixe *-isch* und *-ig*: Nomen → Adjektiv

der Magnet – magnet**isch**
das Rechteck – rechteck**ig**
das Quadrat – quadrat**isch**
gleichnam**ig**

der Name
gleich nam**ig**
gleichnamig

Präfix *un-*: Verneinung

ungleichnamig	= nicht gleichnamig	**un**gleich	= nicht gleich
unfreundlich	= nicht freundlich	**un**klar	= nicht klar

Warum sagt man „gleichnamig" und „ungleichnamig"?
Warum sagt man nicht „gleich" und „ungleich"? **?**

Zwei Nordpole sind gleichnamig. Sie sind aber normalerweise nicht gleich. Sie sind meistens unterschiedlich stark. Zwei Nordpole, die unterschiedlich stark sind, sind **gleichnamig** und **ungleich**.

Komposita (*Sg.: Kompositum*)

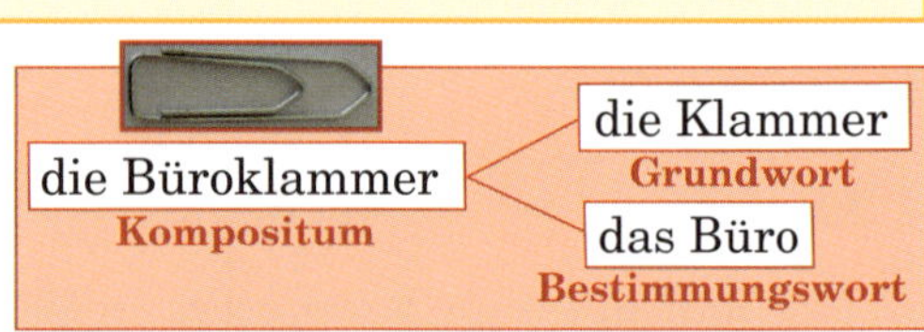

Eine Büroklammer ist eine Klammer, die man in einem Büro benutzt.

- Das **Grundwort** ist das letzte Wort im Kompositum.
- Der **Artikel** richtet sich nach dem Grundwort.

Andere Beispiele:
der Nordpol – der Südpol (Nord~~en~~ + Pol = Nordpol)
das Nichtmetall – die Indifferenzzone

Norden
Westen
Osten
Süden

Übungen

1. Trennbar oder untrennbar? Ergänzen Sie das Verb in der richtigen Form.

a) Ihr berechnet das Ergebnis —. (berechnen)
b) Der Magnet A ________________ den Magneten B _____. (abstoßen)
c) ________________ (*Pl.*) den elektrischen Anschluss nicht _____! (berühren)
d) Der Magnet ________________ das Eisenstück _____. (anziehen)
e) Wir ________________ den Magnetismus nicht _____. (vergessen)
f) Morgen ________________ wir _______. (umziehen)
Wir ________________ aus dem Wohnheim ________. (ausziehen)
und ________________ in ein kleines Haus ________. (einziehen)
g) Ich friere. Ich ________________ eine dicke Jacke _______. (anziehen)
Es ist mir warm. Ich ____________ die dicke Jacke wieder ______. (ausziehen)
h) Ich ________________ mich häufig ______. (verrechnen)
Ich ____________ das Blatt mit der falschen Rechnung ______. (durchreißen)
i) Wem ________________ das Buch auf dem Tisch _______? (gehören)
j) Es ist dunkel. Wir ________________ das Licht _______. (einschalten)
k) Der Polizist ____________________ das Auto _______. (durchsuchen)
l) Uns ____________________ der Versuch ________. (misslingen)

2. Ergänzen Sie die Adjektive oder Nomen. Achten Sie auf Umlaute.

	wässrig	das graue Haar	grauhaarig
das Öl			kleinstädtisch
	schulisch	die Ruhe	
der Zufall			regnerisch
	schattig	die Vernunft	
der Berg			neugierig
	traurig	der Ehrgeiz	

3. Verneinen Sie.

ruhig	vernünftig	verständlich	gefährlich	zuverlässig
unruhig				

4. Zerlegen Sie in Grundwort und Bestimmungswort. Was bedeutet das Wort?

	Kompositum	Grundwort	Bestimmungswort	Bedeutung
a)	der Stabmagnet			Magnet in Form eines Stabs
b)	das Nichtmetall			
c)	die Indifferenzzone			

3 Reflexive und reziproke Verben

Reflexive Verben

Einige Verben brauchen immer das **Reflexivpronomen**:
sich bedanken, sich freuen, sich merken …
Das Reflexivpronomen gehört zum Verb. Man darf es nicht weglassen. Man muss das Reflexivpronomen gemeinsam mit dem Verb lernen. Außerdem muss man wissen, ob das Reflexivpronomen im Dativ oder Akkusativ steht.

*Ich bedanke **mich** bei dir. Du freust **dich** über die Einladung.* (*Akk.*)
*Ich habe **mir** deine Handynummer gemerkt.* (*Dat.*)

Bei anderen Verben ersetzt das Reflexivpronomen ein Akkusativ- oder Dativobjekt:

reflexiv

*Der Frisör kämmt **den Kunden**. Ich kämme **mich**.* (*Akk.*)
*Ich bestelle **meinen Kindern** ein Eis. Ich bestelle **mir** einen Kaffee.* (*Dat.*)

Reziproke Bedeutung des Reflexivpronomens (nur im Plural)

Auf Seite 6 stehen die folgenden Sätze:
*Die beiden Magnete ziehen **sich** stark an.* (Ergebnis von Versuch 3)
*Die beiden Magnete stoßen **sich** in beiden Fällen ab.* (Ergebnis von Versuch 4)
*Gleichnamige Pole stoßen **sich** ab, ungleichnamige Pole ziehen **sich** an.*

Auch in diesen Sätzen kommt das Reflexivpronomen ***sich*** vor.
Sich hat jedoch **keine reflexive**, sondern **reziproke** Bedeutung.

„*Die Magnete A und B ziehen **sich** an.*" bedeutet:
Der Magnet A zieht den Magneten B an
***und** der Magnet B zieht den Magneten A an.*

Man kann den Satz auch mit dem **Reziprokpronomen *einander*** ausdrücken:
*Die Magnete A und B ziehen **einander** an.*

Das Wort ***gegenseitig*** macht die reziproke Bedeutung deutlich:
*Die Magnete A und B ziehen **sich gegenseitig** an.*

Heute verwendet man das Reziprokpronomen ***einander*** nur selten. Daher erkennt man häufig nur am Zusammenhang, ob der Plural des Reflexivpronomens reflexive oder reziproke Bedeutung hat.

Bei einigen Verben hat ***sich*** **immer reziproke** Bedeutung. ***Einander*** ist dann häufig nicht möglich.

*Die beiden Jungen **raufen sich**.*
*Wir haben **uns** gestern **getroffen**.*
*Wir haben **uns verabredet**.*

Beispiele für Verben, die **mit einer festen Präposition** stehen:

Die beiden Magnete unterscheiden **sich voneinander**. — *sich unterscheiden **von***
Die beiden Männer haben **miteinander** gestritten. — *(sich) streiten **mit***
Die beiden Männer haben **sich** gestritten.
Die beiden Männer haben **sich miteinander** gestritten.

Übungen

1. Schreiben Sie die Formen des Reflexivpronomens auf.

	1. *Sg.*	2. *Sg.*	3. *Sg.*	1. *Pl.*	2. *Pl.*	3. *Pl.*
Akk.	mich					
Dat.					euch	

2. Entscheiden Sie: Reflexiv oder reziprok? Kreuzen Sie an.

		reflexiv	reziprok
a)	Die Kinder haben sich auf dem Schulhof geprügelt.		
b)	Die Kinder haben sich im Unterricht gelangweilt.		
c)	Die Kinder haben sich vor dem Unterricht gestritten.		
d)	Nach dem Streit haben wir uns gehasst.		
e)	Wir haben uns geschämt.		
f)	Gleichnamige Magnetpole stoßen sich ab.		
g)	Wir ziehen uns um, bevor wir ins Theater gehen.		
h)	Sie sehen sich im Spiegel an.		
i)	Wir haben uns zufällig getroffen.		
j)	Wir haben uns über das Paket gefreut.		

3. In den folgenden Sätzen hat *sich* reziproke Bedeutung. Formulieren Sie anders: *einander* (3), *sich gegenseitig* (3), *sich voneinander* (1).

a) Ungleichnamige Magnetpole ziehen sich an.

___

___

b) Die beiden Kinder haben sich geschlagen.

___

___

c) Die Kinder haben sich heimlich im Test geholfen.

___

___

d) Die beiden Magnete unterscheiden sich durch ihre Stärke.

___

4. Formulieren Sie die Aussage durch einen Satz mit *sich*.

a) Jan mag Maximilian nicht und Maximilian mag Jan nicht.

Jan und Maximilian ___

b) Anna liebt Daniel und Daniel liebt Anna.

___

c) Magnet A zieht den Magneten B an und Magnet B zieht den Magneten A an.

___

Magnetisches Feld

Versuch 1: Man hält eine Büroklammer an einen Pol eines Magneten, sodass die Büroklammer am Pol hängen bleibt. Man hält an diese Büroklammer eine zweite Büroklammer.

Ergebnis: Die zweite Büroklammer bleibt an der ersten hängen.

Versuch 2: Man hält die obere Büroklammer fest und nimmt den Magneten weg.

Ergebnis: Die untere Büroklammer bleibt noch kurze Zeit an der oberen hängen.

Ein ferromagnetischer Stoff, der einen Pol eines Magneten berührt, wird magnetisch. Der Magnet **magnetisiert** den ferromagnetischen Stoff. Der Magnetismus bleibt noch eine Zeitlang erhalten. Man nennt dies **Remanenz** (Restmagnetismus).

Es gibt Stoffe, die den Magnetismus schnell verlieren (z.B. Weicheisen). Andere Stoffe bleiben jahrelang magnetisch (z.B. Stahl). Aus diesen Stoffen stellt man **Permanentmagnete** oder **Dauermagnete** her.

Versuch 3: Man legt zwei Büroklammern so auf den Tisch, dass sie sich berühren. Man nähert den Büroklammern einen starken Magneten. Man zieht langsam an der Büroklammer, die vom Magneten am weitesten entfernt ist.

Ergebnis: **Beide** Büroklammern bewegen sich gemeinsam.

Die Büroklammern ziehen sich an. Die Büroklammern sind zu schwachen Magneten geworden, ohne dass der starke Magnet sie berührt hat.

Man kann das folgendermaßen erklären: Ein Magnet verändert in seiner Umgebung die Eigenschaft des Raums. Die Eigenschaft, die der Raum durch den Magneten bekommt, heißt **Magnetfeld** oder **magnetisches Feld**. Das Magnetfeld übt die Kraft auf andere Magnete oder auf ferromagnetische Stoffe aus.

Versuch 4: In einem durchsichtigen Plastikbehälter ist Eisenpulver. Wir sorgen dafür, dass sich das Eisenpulver möglichst gleichmäßig auf dem Boden des Behälters verteilt. Wir halten unter den Plastikbehälter einen Magneten.

Ergebnis: Es entstehen Linien aus Eisenpulver, die von einem Pol des Magneten zum anderen Pol verlaufen.

magnetischer Polfinder als Probemagnet

Diese Linien heißen **magnetische Feldlinien**. Man gibt den Feldlinien eine Richtung. Jede Feldlinie zeigt vom Nord- zum Südpol. Sie zeigt an jeder Stelle in Richtung der Kraft, die dort auf den Nordpol eines **Probemagneten** wirkt.

Probemagnet:

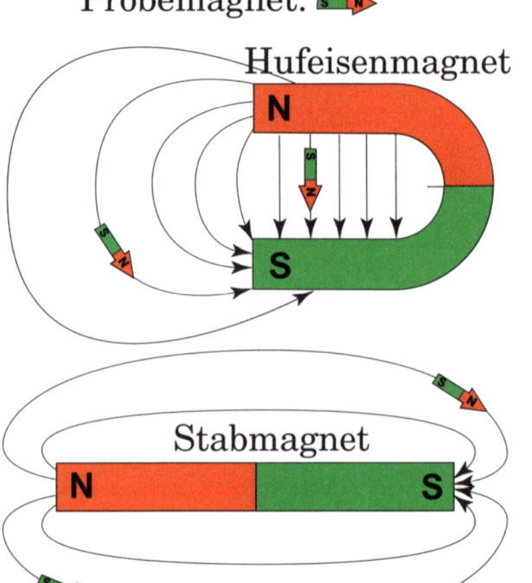

die **Remanenz**; der **Restmagnetismus**
magnetisieren
der **Dauermagnet**; der **Permanentmagnet**
das **Feld**, -er
das **Magnetfeld**; das **magnetische Feld**
die **Feldlinie**, -n; die magnetische Feldlinie
der **Probemagnet** / der **Polfinder**
der **Stabmagnet** / der **Hufeisenmagnet**

Übungen

1. Eine Antwort ist richtig. Kreuzen Sie an. ☒

1. Remanenz bedeutet,
   a) dass man ferromagnetische Stoffe magnetisiert. ☐
   b) dass der Magnetismus nicht erhalten bleibt. ☐
   c) dass der Magnetismus nicht sofort verschwindet. ☐
2. a) Auf einem magnetischen Feld erntet man Magnete. ☐
   b) Magnetische Feldlinien verlaufen vom Süd- zum Nordpol. ☐
   c) Ein Magnetfeld entsteht durch die Anwesenheit eines Magneten. ☐
3. Magnetische Feldlinien …
   a) zeigen die Richtung der Kraft auf den Südpol eines Probemagneten an. ☐
   b) verlaufen vom Nord- zum Südpol. ☐
   c) entstehen durch Eisenpulver. ☐
4. a) Mit Eisenpulver kann man magnetische Feldlinien sichtbar machen. ☐
   b) Büroklammern sind Magnete. ☐
   c) Man kann aus allen ferromagnetischen Stoffen Dauermagneten machen. ☐

2. Ordnen Sie zu.

1.	Magnetisieren bedeutet	a)	hat die Form eines Hufeisens.
2.	Ein Permanentmagnet	b)	untersucht man ein Magnetfeld.
3.	Ein Hufeisenmagnet	c)	zu einem Magneten machen.
4.	Mit einem Probemagneten	d)	ist ein Dauermagnet.

3. Bilden Sie Komposita.

Büro	Stab	Eisen	Magnet	Plastik	permanent	Probe	Feld

Feld	Pulver	Magnet	Magnet	Magnet	Behälter	Linie	Klammer

4. Die drei Bilder zeigen Fotos aus Versuchsdurchführungen. Ordnen Sie zu: Zu welchem Versuch (1, 2 oder 3, S. 12) gehören welches Bild?

a) ____________ b) ____________ c) ____________

Schreiben Sie den Satz aus der Versuchsbeschreibung bzw. dem Ergebnis ab, der am besten zum Foto passt.

a) ____________________

b) ____________________

c) ____________________

5

Erklärung der magnetischen Anziehung

Gegenseitige Anziehung von Magnet und ferromagnetischem Stoff

Versuch 1: Wir legen auf ein Frühstücksbrettchen eine Büroklammer und halten unter das Brettchen an der Stelle der Büroklammer einen Magneten. Wir bewegen den Magneten.
Ergebnis: Die Büroklammer führt die gleiche Bewegung wie der Magnet aus.

Das magnetische Feld geht durch das Brettchen hindurch.

Versuch 2: Wir legen den Magneten auf das Brettchen und halten die Büroklammer unter das Brettchen direkt an der Stelle des Magneten. Wir bewegen die Büroklammer.
Ergebnis: Der Magnet führt die gleiche Bewegung wie die Büroklammer aus.

Nicht nur der Magnet zieht die Büroklammer an; auch die Büroklammer zieht den Magneten an. Magnet und Büroklammer ziehen sich **gegenseitig** an. Die Büroklammer zieht den Magneten genauso stark an wie der Magnet die Büroklammer.

Versuch 3: Wir bringen den Nordpol eines Magneten an den Südpol eines anderen (gleich starken und gleich langen) Magneten. Wir suchen die Indifferenzzone und untersuchen das gemeinsame Magnetfeld.
Ergebnis: Die Indifferenzzone ist dort, wo sich die beiden Magnete berühren. Das gemeinsame Feld ist wie das Feld eines einzigen Magneten.

Ein Magnetmodell

Die Eigenschaften von Magneten erklären wir nun durch ein **Modell**.

Ein **Modell** erklärt **einige** Phänomene der Wirklichkeit.
Das Modell beschreibt andere Phänomene der Wirklichkeit jedoch nicht.
Ein Modellauto sieht z.B. wie ein echtes Auto aus. (gleiche Eigenschaft)
Es ist aber kleiner und man kann nicht damit fahren. (Eigenschaften fehlen)

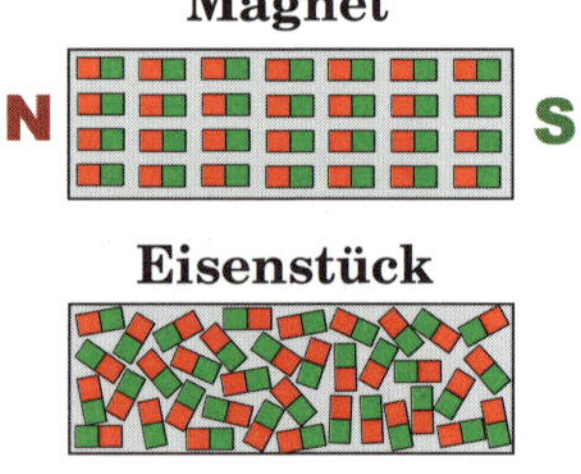

Wir stellen uns vor, dass Magnete und ferromagnetische Stoffe aus **Elementarmagneten** aufgebaut sind. Diese Elementarmagnete können sich mehr oder weniger gut drehen. In Magneten sind die Elementarmagnete geordnet, in einem Eisenstück sind sie ungeordnet.

Ein Magnet M hat ein Magnetfeld. Man bringt ein Eisenstück E in dieses Magnetfeld. Die Elementarmagnete von E drehen sich, bis ihre Nordpole längs der Feldlinien in Richtung des Südpols von M zeigen. Aus dem Eisenstück E ist ein Magnet mit Nord- und Südpol geworden. Es hat jetzt auch ein Magnetfeld. Das Magnetfeld von E wirkt auf den Magneten M. Daher ist die Anziehung gegenseitig.

Man kann den Nord- und den Südpol eines Elementarmagneten nicht voneinander trennen. Ein Elementarmagnet ist ein magnetischer **Dipol** (*di-* = zweifach, *griechisch*).
Ein **Monopol** (*mono-* = allein, *griechisch*) hat nur einen Pol. Es gibt keine magnetischen Monopole.

das **Modell**, -e
der **Elementarmagnet**
der **Dipol**, -e

Übungen

1. Eine Antwort oder zwei Antworten sind richtig. Kreuzen Sie an. ☒

1. a) Ein Modell beschreibt die Wirklichkeit vollständig. ☐
   b) Ein Modell beschreibt einige Teile der Wirklichkeit. ☐
   c) Ein Modell ist ein Auto, das nicht fährt. ☐
2. a) Man kann Nord- und Südpol eines Magneten voneinander trennen. ☐
   b) Ein Dipol ist etwas, das zwei Pole hat. ☐
   c) Ein Monopol ist etwas, das einen Pol hat. ☐
3. a) Ein Elementarmagnet ist ein magnetischer Monopol. ☐
   b) Ein magnetischer Monopol hat zwei Nordpole. ☐
   c) Ein Elementarmagnet ist ein magnetischer Dipol. ☐
4. Zwei gleiche Magnete berühren sich: N | S N | S
   a) Die Anordnung hat zwei Nordpole und zwei Südpole. ☐
   b) Die Anordnung hat links einen Nordpol und rechts einen Südpol. ☐
   c) Genau zwischen den beiden Magneten ist die Indifferenzzone. ☐
5. Ein Magnet zieht ein Eisenstück an. Dann gilt:
   Die Nordpole der Elementarmagnete im Eisenstück
   a) zeigen in beliebige Richtungen. ☐
   b) zeigen zum Nordpol des Magneten. ☐
   c) zeigen zum Südpol des Magneten. ☐
6. Ein Magnet zieht eine Büroklammer an. Dann gilt:
   a) Die Büroklammer zieht auch den Magneten an, aber weniger stark. ☐
   b) Die Büroklammer zieht den Magneten nicht an. ☐
   c) Die Büroklammer zieht den Magneten genauso stark an. ☐

2. Ein Phänomen ist etwas, das in der Natur vorkommt und das Menschen beobachten. Nennen Sie Beispiele für:

a) meteorologische Phänomene (= Wetterphänomene)

____

b) physikalische Phänomene

____

c) seltene Phänomene

____

3. Das nebenstehende Bild zeigt einen **Kompass**. Die rote Seite der Kompassnadel zeigt nach Norden. Das ist der Nordpol der magnetischen Nadel. Nehmen Sie an, dass die Erde ein Stabmagnet ist.
Ist der magnetische Nordpol der Erde im Norden?
Begründen Sie Ihre Antwort.

4. Was gehört zusammen?

modellieren	bewegen	Kompass	Magnet	Naturerscheinung

Magnetnadel	Phänomen	Dipol	Modell	Bewegung

6 Das Passiv bei Verben mit Akkusativobjekt

In den Fachsprachen verwendet man häufig **Passivsätze**.

	Aktiv	Passiv
1.	Man **hält** eine Büroklammer an einen Magneten.	Eine Büroklammer **wird** an einen Magneten **gehalten**.
2.	Der Magnet **zieht** die Büroklammer **an**.	Die Büroklammer **wird angezogen**.
3.	Ein Magnet **zieht** Eisen, Nickel, Kobalt **an**.	Eisen, Nickel, Kobalt **werden von einem Magneten angezogen**.

- Im Passivsatz ist wichtig, **was** geschieht. **Wer** etwas macht, ist nicht wichtig.
- Verb im Passiv: konjugierte Form von ***werden*** **+ Partizip II** des Verbs
  Beispiel: anziehen – angezogen werden (Infinitiv Passiv) – er wird angezogen
- Das **Akkusativobjekt des Aktivsatzes** ist das **Subjekt des Passivsatzes**.
- Das **Subjekt des Aktivsatzes** fällt im Passivsatz oft weg. Man kann es mit der Präposition ***von*** **+ Dativ** nennen. Das Pronomen ***man*** fällt **immer** weg.
- Alle anderen Satzglieder sind im Aktiv- und Passivsatz gleich.
- Man kann nur Passiv bilden, wenn das Prädikat eine Tätigkeit ausdrückt.
  Beispiel: „Er hat kurzes Haar" hat kein Passiv (keine Tätigkeit)

1.

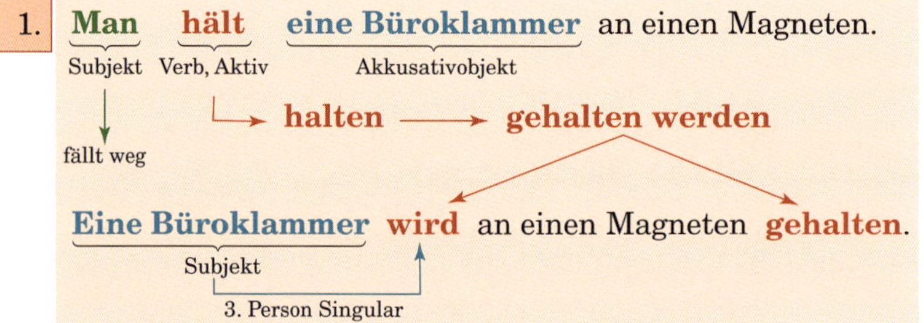

2.

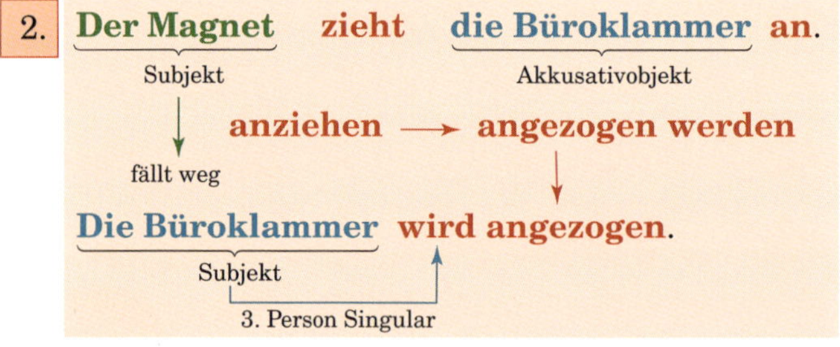

werden

ich	werd**e**
du	**wirst**
er/sie/es	**wird**
wir	werd**en**
ihr	werd**et**
sie	werd**en**

3.

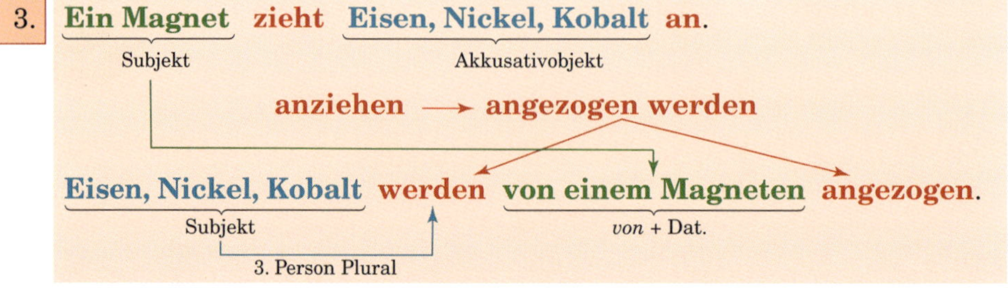

Übungen

1. Bilden Sie Infinitiv Passiv der Verben.

a) anziehen angezogen werden
b) nennen ____________
c) bewegen ____________
d) legen ____________
e) halten ____________
f) verteilen ____________
g) abstoßen ____________
h) messen ____________
i) berühren ____________
j) zeigen ____________
k) magnetisieren ____________
l) drehen ____________

2. Formen Sie die Aktivsätze in Passivsätze um. Nennen Sie im Passivsatz – wenn möglich – auch das Subjekt des Aktivsatzes.

a) Man hält die obere Büroklammer fest.
→ Die obere Büroklammer wird festgehalten.

b) Man nimmt den Magneten weg.
→ ____________

c) Man legt einen Magneten unter den Behälter.
→ ____________

d) Man legt eine Büroklammer auf den Tisch.
→ ____________

e) Man sucht die Indifferenzzone.
→ ____________

f) Man untersucht das gemeinsame Feld.
→ ____________

g) Ein Magnet zieht Eisen an.
→ ____________

h) Ein Magnet zieht Büroklammern an.
→ ____________

i) Ein Magnet magnetisiert einen ferromagnetischen Stoff.
→ ____________

j) Man stellt starke Permanentmagnete aus Neodym-Eisen-Bor her.
→ ____________

k) Der Nordpol des Magneten A stößt den Nordpol des Magneten B ab.
→ ____________

l) Dieses Phänomen nennt man Remanenz.
→ ____________

m) Wir verteilen das Eisenpulver gleichmäßig.
→ ____________

n) Ihr untersucht das Feld mit einem kleinen Magneten.
→ ____________

o) Wir transformieren den Aktivsatz in einen Passivsatz.
→ ____________

7

Die Kraft

Zwei Magnete ziehen sich gegenseitig an oder stoßen sich ab. Ein Magnet und eine Büroklammer ziehen sich an. Zwischen zwei Magneten oder zwischen Magneten und Büroklammer wirken **Kräfte.**

Für **Kraft** verwenden wir den Buchstaben $\boldsymbol{F}$. (*force*)
$\boldsymbol{F}$ ist das **Formelzeichen** für die Kraft.
Die **Einheit** der Kraft ist 1 N (ein Newton).

> die **Kraft**, ¨-e
> die **Einheit**, -en
> das **Formelzeichen**, -
> **messen**, man misst

Verschiedene Kräfte unterscheidet man durch **Indizes**: $\boldsymbol{F}_1$, $\boldsymbol{F}_2$, $\boldsymbol{F}_A$, $\boldsymbol{F}_B$, $\boldsymbol{F}_{AB}$, $\boldsymbol{F}_{BA}$.

> der **Index**, Indizes
> Zeichen, Zahl, Buchstabe, Wort oder Abkürzung rechts unten neben einem Formelzeichen. Es ist nur zur Unterscheidung da.
>
> $\boldsymbol{F}_1$ *Man liest:* F eins
> $\boldsymbol{F}_{AB}$ *Man liest:* F A B (alle drei Buchstaben einzeln)
>
> Der Index darf nicht rechts oben stehen: $\boldsymbol{F}_2$ (F zwei) $\neq$ $\boldsymbol{F}^2$ (F Quadrat)

Fragen zur Kraft:

- **Worauf** oder **auf wen** wirkt die Kraft? Was ist der **Angriffspunkt** der Kraft? An welchem Körper **greift** die Kraft **an**?
- Wie groß ist die Kraft? Was ist der **Betrag** der Kraft?
- Welche **Richtung** hat die Kraft?

> Eine Kraft hat einen Angriffspunkt, einen Betrag und eine Richtung.

Für eine Kraft zeichnen wir einen **Pfeil**.

Ein Pfeil hat einen **Fußpunkt** und eine **Spitze**.
Die Spitze gibt die Richtung des Pfeils an.

die **Spitze**, -n
der **Pfeil**, -e
der **Fußpunkt**, -e

Eine Kraft wirkt auf einen Gegenstand. Wir zeichnen an den Gegenstand den Fußpunkt des Kraftpfeils. Das ist der **Angriffspunkt** der Kraft. Die Länge des Kraftpfeils gibt den **Betrag** der Kraft an.
Wir schreiben: $|\boldsymbol{F}|$ = 6,5 N (Abbildung rechts)
Wir lesen: F Betrag gleich 6,5 Newton.
Wir haben einen **Maßstab**: 2 N $\triangleq$ 1 cm
(zwei Newton **entsprechen** einem Zentimeter).
1 cN = 0,01 N (*Man liest:* ein Zentinewton)
1 mN = 0,001 N (*Man liest:* ein Millinewton)
Die Spitze des Kraftpfeils zeigt die **Richtung** der Kraft an.

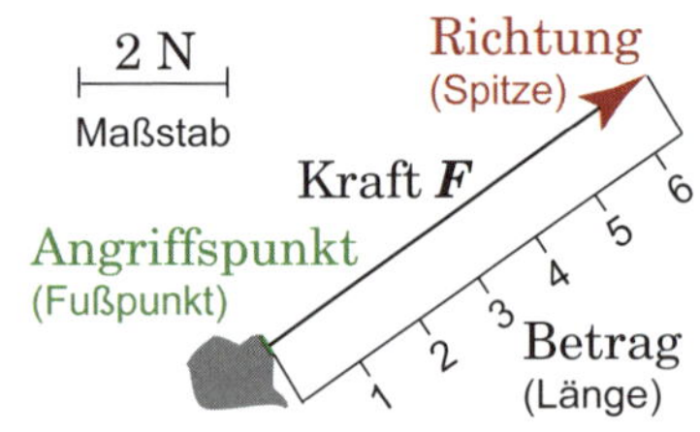

Ein Magnet zieht einen Eisenzylinder mit der Kraft $\boldsymbol{F}_1$ an.
Beispielsätze:
$\boldsymbol{F}_1$ **wirkt** auf den Eisenzylinder.
$\boldsymbol{F}_1$ **greift** am Eisenzylinder **an.**
$\boldsymbol{F}_1$ **ist** nach links **gerichtet.**
Der **Betrag** von $\boldsymbol{F}_1$ ist ein Newton.
$\boldsymbol{F}_1$ **beträgt** einen Newton.
Ein Newton **entspricht** einem Zentimeter.

$\boldsymbol{F}_1$
1 N

> der **Pfeil**, -e
> **wirken** auf$_{Akk.}$
> der **Angriffspunkt**
> **angreifen** an$_{Dat.}$
> der **Betrag**, ¨-e
> **betragen** *Akk.*
> der **Maßstab**, ¨-e
> **entsprechen** *Dat.*
> die **Richtung**
> **gerichtet sein**

Übungen

1. Lesen Sie vor. Achten Sie auf *Singular – Plural, Akkusativ – Dativ.*

a) 1 N ≙ 5 cm	b) 10 N ≙ 1 cm	c) 0,5 N ≙ 1 cm	d) 1,5 N ≙ 1 cm
e) $\|\boldsymbol{F}_1\| = 3$ N	f) $\|\boldsymbol{F}_{AB}\| = 4$ N	g) $\|\boldsymbol{F}_{BA}\| = \|\boldsymbol{F}_{AB}\|$	h) $\|\boldsymbol{F}_3\| = 4$ cN
i) 1 N = 100 cN	j) 1 cN = 10 mN	k) 1 mN = 0,001 N	l) 1 cN = 0,01 N

2. Setzen Sie Präpositionen, Artikel, Verben oder Nomen ein.

a) Die Kraft $\boldsymbol{F}_1$ greift ______ Wagen an. Sie wirkt ______ ______ Wagen. Ihr ____________ ist 3 N. Sie ____________ 3 N. Sie _____ nach links ______________.

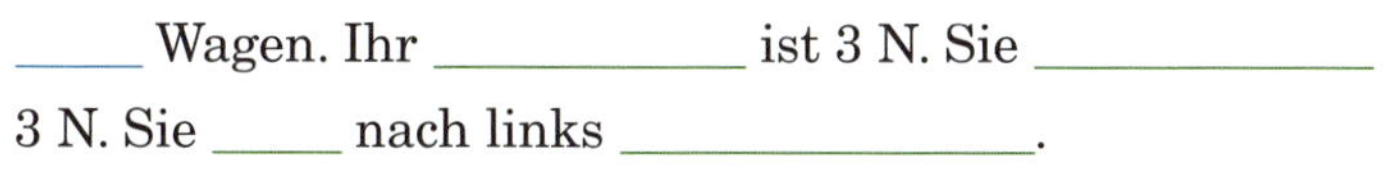

b) Die Kraft $\boldsymbol{F}_2$ ________ am Koffer _____. Sie ________ auf den Koffer. Ihr Betrag ______ 5 N. Sie ist ______ oben gerichtet.

3. Ordnen Sie zu.

1.	Fußpunkt
2.	Spitze
3.	Angriffspunkt
4.	Index
5.	Betrag

a)	Länge des Kraftpfeils
b)	Zeichen rechts unten am Formelzeichen
c)	Anfangspunkt eines Pfeils
d)	Die Kraft greift hier am Körper an.
e)	Sie zeigt die Richtung an.

4. Schreiben Sie zu den Kräften $\boldsymbol{F}_1$, $\boldsymbol{F}_2$ und $\boldsymbol{F}_3$ jeweils 6 Sätze. Jeder Satz soll eins der folgenden Wörter enthalten. ***Beispielsätze S. 18 unten.***

wirken / angreifen / betragen / Betrag / gerichtet sein / entsprechen

a)  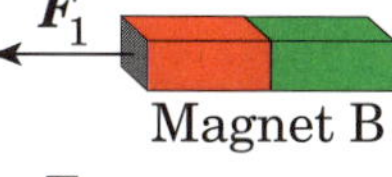

$|\boldsymbol{F}_1| = 4$ N; Pfeillänge 1 cm

b) 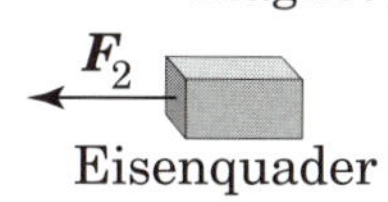

$|\boldsymbol{F}_2| = 1{,}5$ N; Pfeillänge 1 cm

c) 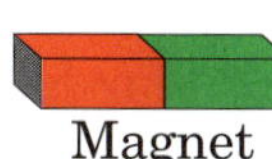

$|\boldsymbol{F}_3| = 2{,}4$ N; Pfeillänge 1 cm

5. Bestimmen Sie die Beträge der Kräfte mit einem Lineal. Achten Sie auf den Maßstab.

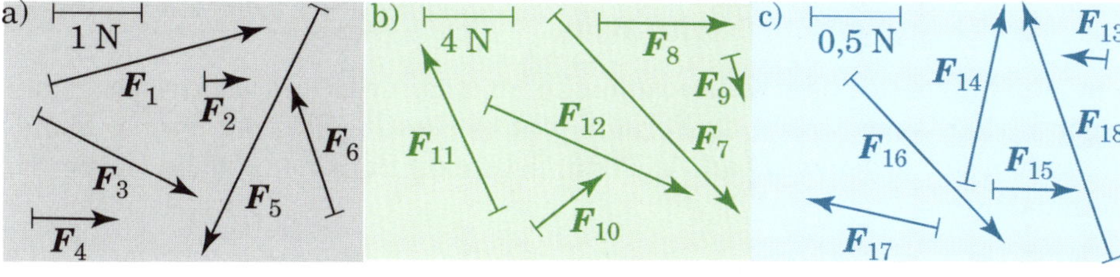

8

Die Verben *ausüben* und *erfahren*; Körper

Weitere Verben zum Thema *Kraft*

Der **Magnet A** zieht den **Magneten B** an. **A übt** die Kraft $\boldsymbol{F}_{AB}$ auf **B aus**.
Wir vereinbaren die folgende Schreibweise:
Der **erste Buchstabe im Index** nennt den Magneten, der etwas tut.
Der **zweite Buchstabe im Index** nennt den Magneten, auf den die Kraft wirkt.

Das Bild sagt aus:

1. **Der Magnet A übt** die Kraft $\boldsymbol{F}_{AB}$ **auf den Magneten B aus**.
   (die Kraft $\boldsymbol{F}_{AB}$: Akkusativobjekt)

Was passiert mit dem Magneten B?

2. Die Kraft $\boldsymbol{F}_{AB}$ **wird auf den Magneten B ausgeübt**.
   (Die Kraft $\boldsymbol{F}_{AB}$: Subjekt)
3. **Der Magnet B erfährt** die Kraft $\boldsymbol{F}_{AB}$.
   (die Kraft $\boldsymbol{F}_{AB}$: Akkusativobjekt)
4. Die Kraft $\boldsymbol{F}_{AB}$ **wirkt auf den Magneten B**.
   (Die Kraft $\boldsymbol{F}_{AB}$: Subjekt)
5. Die Kraft $\boldsymbol{F}_{AB}$ **greift am Magneten B an**.
   (Die Kraft $\boldsymbol{F}_{AB}$: Subjekt)

> **ausüben** *Akk.* auf$_{Akk.}$
> **erfahren** *Akk.*
> **wirken** auf$_{Akk.}$
> **angreifen** an$_{Dat.}$
> *Ich übe Kraft auf eine Sache aus.*
> *Die Sache erfährt eine Kraft.*
> *Die Kraft wirkt auf die Sache.*
> *Die Kraft greift an der Sache an.*
> **vereinbaren** *Akk.*

Körper in der Physik

> In der Physik heißt jede begrenzte Menge von Materie **Körper**.

Ein Körper ist also etwas, das aus Materie besteht. *Beispiele:* Eine Büroklammer ist ein Körper, das Wasser in einem Glas ist ein Körper, die Luft in einem Raum ist ein Körper. Ein Körper kann **fest** (Büroklammer), **flüssig** (Wasser) oder **gasförmig** (Luft) sein. Die Zustände fest, flüssig und gasförmig heißen **Aggregatzustände**.

Wir ersetzen in den Sätzen **1** bis **5** das Wort *Magnet* durch *Körper*. Wir erhalten:

1. Der Körper A **übt** die Kraft $\boldsymbol{F}_{AB}$ auf den Körper B **aus**.
2. Die Kraft $\boldsymbol{F}_{AB}$ **wird** auf den Körper B **ausgeübt**.
3. Der Körper B **erfährt** die Kraft $\boldsymbol{F}_{AB}$.
4. Die Kraft $\boldsymbol{F}_{AB}$ **wirkt** auf den Körper B.
5. Die Kraft $\boldsymbol{F}_{AB}$ **greift** am Körper B **an**.

> der **Körper**, -
> der **Aggregatzustand**, ¨-e
> **fest – flüssig – gasförmig**

Nicht nur Magnete üben Kräfte aufeinander aus. Zwischen elektrisch geladenen Körper wirken auch Kräfte. Außerdem gibt es die Gravitation: Sonne, Mond und Erde ziehen sich gegenseitig an. Auch durch direkte Berührung üben Körper Kräfte aufeinander aus.

Es gibt Kraftgesetze, die für **alle Kräfte zwischen Körpern** gelten. Diese Gesetze formulieren wir in den folgenden Lektionen.

Übungen

1. Bilden Sie jeweils Sätze mit *ausüben* (Aktiv), *ausüben* (Passiv), *wirken*, *erfahren* und *angreifen*.

a) Die Magnete ziehen sich an: A F_{BA} F_{AB} B

F_{AB}: A übt auf B die Kraft F_{AB} aus. Die Kraft F_{AB} wird auf B ausgeübt. Die Kraft F_{AB} wirkt auf B. B erfährt die Kraft F_{AB}. Die Kraft F_{AB} greift an B an.

F_{BA}: ______________________________

b) Die Magnete stoßen sich ab: A F_{BA} F_{AB} B

F_{AB}: ______________________________

F_{BA}: ______________________________

c) Zwei Personen ziehen an einem Seil:

F_1 Seil F_2 ziehen A B

F_1: ______________________________

F_2: ______________________________

d) Zwei Personen drücken gegen eine Stange:

F_1 F_2 Stange drücken A B

F_1: ______________________________

F_2: ______________________________

2. Ordnen Sie zu.

die Flüssigkeit	die Kugel	der Festkörper	der Würfel	das Gas	der Quader

quaderförmig	gasförmig	kugelförmig	flüssig	fest	würfelförmig

der Aggregatzustand	die Form

3. Antworten Sie. Benutzen Sie ein Wörterbuch.

a) Wie heißt festes Wasser? ______________

b) Wie heißt gasförmiges Wasser? ______________

c) Wasser wird fest. Wie heißt das Verb? ______________

d) Wasser wird gasförmig. Wie heißt das Verb? ______________

9

Verben zu *Kraft* und *Bewegung*

In Lektion 8 kommen die Verben *ausüben* und *erfahren* vor. ***Ausüben*** hat aktivische Bedeutung (man tut etwas), ***erfahren*** hat passivische Bedeutung (mit der Sache passiert etwas). Man benutzt diese Verben auch **in anderen Zusammenhängen**. Neben *ausüben* und *erfahren* sind auch andere Verben **in der Physik** wichtig.

ausüben	Man **übt Kraft** auf einen Körper **aus**. Der Lehrer **übt** auf die Schüler viel **Druck aus**. Manche Menschen wollen **Macht ausüben**.
aufwenden	(wendet ... auf, wendete/wandte ... auf, hat aufgewendet/aufgewandt) Um den Schrank anzuheben, müssen wir viel **Kraft aufwenden**. Wir müssen viel **Zeit und Mühe aufwenden**, um unser Ziel zu erreichen. (*Wir brauchen viel Zeit und müssen uns sehr anstrengen, ...*) Um unsere Ziele zu erreichen, müssen wir viel **Energie aufwenden**.
erfahren	(erfährt, erfuhr, hat erfahren) Ein Eisenstück **erfährt** in der Nähe eines Magneten **eine Kraft**. Die Kugel **erfährt** durch die Erdanziehung eine **Beschleunigung**. In Kriegsgebieten **erfahren** Kinder häufig **Gewalt**.
ausführen	Das Fahrzeug **führt eine** gleichförmige **Bewegung aus**. (*gleichförmig:* die Geschwindigkeit ändert sich nicht) Die Kugel, die am Faden hängt, **führt eine** Pendel**bewegung aus**.
setzen	Das Auto **setzt** sich **in Bewegung**. (*Es fängt an zu fahren.*) Wir **setzen** uns morgen miteinander **in Verbindung**. (*Wir rufen uns morgen an / wir schreiben uns morgen eine SMS ...*) Die Regierung will das Gesetz bereits morgen **in Kraft setzen** (*gültig machen*). *Kraft* hat hier **nicht** die Bedeutung *physikalische Kraft*!
sein	Das Auto **ist in Bewegung**. (*Das Auto bewegt sich.*) Das Gesetz **ist** schon **in Kraft**. (*Das Gesetz gilt schon.*)
bleiben	Das Auto **bleibt in Bewegung**. (*Es hört nicht auf, sich zu bewegen.*) Wir **bleiben in Verbindung**! (*Wir telefonieren weiterhin miteinander.*)
kommen	Nach 5 Metern **ist** das Fahrzeug **zum Stillstand gekommen**. Die Kugel am Faden schwingt hin und her. Sie **kommt** nach wenigen Minuten **zur Ruhe**. (*Sie bewegt sich nicht mehr.*) Im Urlaub bin ich endlich **zur Ruhe gekommen**.
versetzen	Wir **versetzen** das Fahrzeug **in Bewegung**. (*Wir stoßen z.B. gegen das Fahrzeug, damit es sich bewegt.*) Sie hat ihre Mutter **in Angst versetzt**, weil sie nicht zu Hause war. Wir müssen sie **in die Lage versetzen**, selbstständig zu lernen. (*eine Person in die Lage versetzen = fähig machen, befähigen*)
bringen	Wir **bringen** das Fahrzeug **zum Stillstand**. (*Wir bremsen es ab.*) Wir **bringen** das noch in **Erfahrung**. (*Wir finden das noch heraus.*)
geraten	Plötzlich ist das Fahrzeug **in Bewegung geraten**. Er **gerät in Wut**, wenn er daran denkt. (*wütend werden*)

Übungen

1. Was bedeuten die Ausdrücke? Ordnen Sie zu.

1.	in Aufregung versetzen	a)	wirken, bewirken
2.	in Aufregung sein	b)	gültig werden
3.	Leid erfahren	c)	verändert werden
4.	in Verbindung setzen	d)	aufregen
5.	in Wut geraten	e)	unter Druck gesetzt werden
6.	eine Wirkung ausüben	f)	ungültig werden
7.	Veränderungen erfahren	g)	sich aufregen
8.	in Angst geraten	h)	leiden müssen
9.	in Kraft setzen	i)	gültig sein
10.	in Kraft treten	j)	anrufen oder schreiben
11.	außer Kraft treten	k)	beschleunigt werden
12.	in Kraft sein	l)	gültig machen
13.	Druck erfahren	m)	anfangen, sich zu bewegen
14.	in Verwirrung versetzen	n)	zu schwingen anfangen
15.	Beschleunigung erfahren	o)	wütend werden
16.	Einfluss ausüben	p)	besprechen, darüber sprechen
17.	sich in Bewegung setzen	q)	beeinflussen
18.	zur Sprache bringen	r)	ängstlich werden
19.	in Schwingung geraten	s)	verwirren

2. Setzen Sie die passenden Verben ein.

a) Ein Fahrzeug ist in Ruhe. Man ________ Kraft auf das Fahrzeug _____. Das Fahrzeug ___________ sich in Bewegung. Wenn wir keine Kraft mehr auf das Fahrzeug ______________, _________ das Fahrzeug noch eine Zeitlang in Bewegung. Es _____________ noch eine Zeitlang eine Bewegung _____. Aber weil es durch Reibung und Luftwiderstand gebremst wird, ____________ es nach einiger Zeit zum Stillstand.

b) Wir wissen noch nicht, was passiert ist, aber wir _____________ es sicher noch in Erfahrung.

c) Der Autofahrer hat versucht, das Auto vor der roten Ampel zum Stillstand zu ______________. Obwohl er stark gebremst hat, ist das Auto erst mehrere Meter hinter der Ampel zum Stillstand ______________.

d) Die Straße geht bergab. Der Autofahrer hat die Handbremse nicht angezogen, als er es abgestellt hat. Das Auto hat sich in Bewegung ____________.

Kraftmessung

Wir wollen den Betrag einer Kraft messen. Hierzu brauchen wir ein **Messgerät** für die Kraft, einen **Kraftmesser**. Ein einfacher Kraftmesser ist rechts abgebildet. In einem durchsichtigen Gehäuse ist eine **Schraubenfeder**. Das obere Ende der Schraubenfeder ist mit einem **Griff** verbunden, das untere Ende mit einem **Haken**. Wir halten den Kraftmesser am Griff und ziehen am Haken. Die Schraubenfeder wird länger und der **Zeiger** geht nach unten. Auf der **Skala** kann man den Betrag der Kraft ablesen. Mit dem Kraftmesser auf dem Foto kann man Kräfte zwischen 0 und 5 Newton messen. Der Bereich 0 bis 5 Newton ist der **Messbereich**.

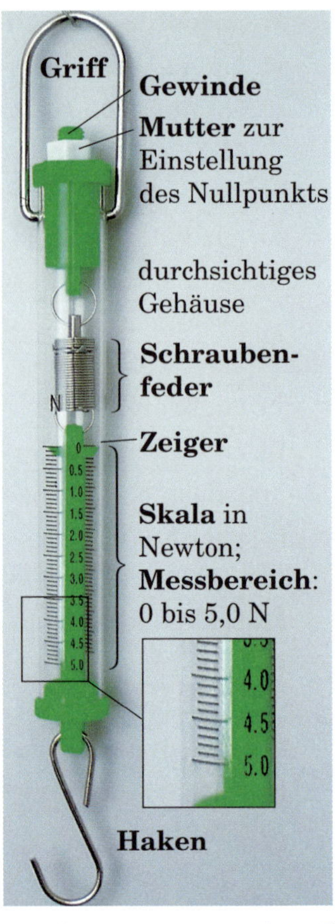

Bevor wir eine **Messung durchführen**, muss der Zeiger genau auf 0 zeigen. Oben am Kraftmesser ist ein **Gewinde** mit einer weißen Mutter. Wenn man an der Mutter dreht, bewegt sich das obere Ende der Schraubenfeder nach oben oder nach unten. Man kann auf diese Weise den Zeiger genau auf 0 einstellen.

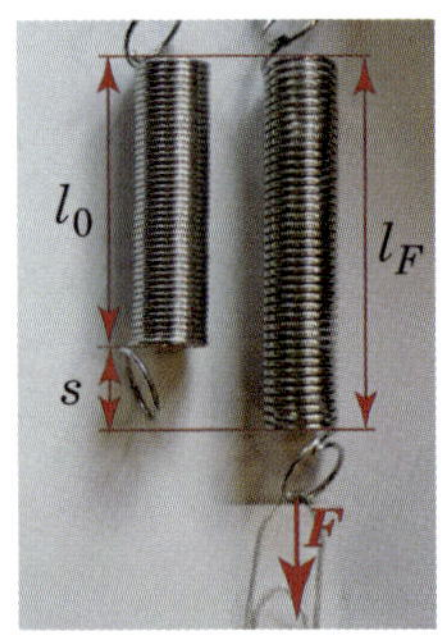

Ohne Kraft hat die Schraubenfeder die Länge l_0.
Wir ziehen an der Schraubenfeder mit der Kraft $\boldsymbol{F}$: Die Schraubenfeder bekommt die Länge l_F.
Die **Differenz** $s = l_F - l_0$ heißt **Längenänderung**.

Bei Schraubenfedern ist die Längenänderung **proportional** zur Kraft, die auf die Schraubenfeder wirkt.

Proportionalität bedeutet:
doppelte Kraft – doppelte Längenänderung
dreifache Kraft – dreifache Längenänderung
vierfache Kraft – vierfache Längenänderung

Eine Schraubenfeder wird **elastisch verformt**. Das bedeutet:

- Wenn eine Kraft auf die Schraubenfeder wirkt, wird die Schraubenfeder länger.
- Wenn die Kraft nicht mehr auf die Schraubenfeder wirkt, bekommt sie wieder ihre alte Länge.

Eine **plastische Verformung** bleibt dagegen bestehen, wenn die Kraft nicht mehr wirkt.

die **Messung durchführen**, *führt … durch eine Messung durchführen*
das **Messgerät**, -e
der **Messbereich**, -e
die **Skala**, Skalen – der **Zeiger**, -
der **Kraftmesser**, -
der **Griff**, -e – der **Haken**, -
die **Feder**, -n – die Schraubenfeder
die **Längenänderung**
verformen – die **Verformung**
elastisch (*Antonym:* **plastisch**)
die **Schraube**, -n – das **Gewinde**
die **Mutter**, -n (Schraubenmutter)
proportional
die **Proportionalität**

Übungen

1. Ordnen Sie zu.

1.	die Schraubenfeder	a)	eine andere Form geben
2.	der Kraftmesser	b)	man kann sie auf ein Gewinde schrauben
3.	die Skala	c)	man kann etwas daran hängen
4.	die Mutter	d)	Feder, die die Form einer Schraube hat
5.	der Messbereich	e)	das Kürzer- oder Längerwerden
6.	der Haken	f)	Messgerät für Kraft
7.	verformen	g)	eine Messung durchführen
8.	messen	h)	enthält alle Werte, die man messen kann
9.	die Längenänderung	i)	Striche und Zahlen auf einem Messgerät

2. Suchen Sie die Nomen und Verben.

messen		verformen	
	die Drehung		die Einstellung
ändern		proportional	
	die Plastizität		die Elastizität

3. Ergänzen Sie.

a) Wir ____________ an den Haken eines Kraftmessers eine kleine Tasche.
Wir ____________ das Gewicht 4,3 Newton _____.
Wir haben das Gewicht der Tasche ______________.

b) Wenn die größte Zahl auf der ___________ eines Kraftmessers 20 N ist, geht der ___________________ des Kraftmessers von 0 bis 20 N.

c) Die Längenänderung ist bei einer Schraubenfeder _____________ zur Kraft.

d) Das durchsichtige _________________ des Kraftmessers ist zylinderförmig.

e) Wir ziehen _______ einer Schraubenfeder. Die Schraubenfeder wird _______________. Wir ____________________ die Schraubenfeder.

f) Ein Kraftmesser ist ein __________________ für Kräfte. Im Inneren ist eine ___________________. Ein Zeiger zeigt die __________________ der Schraubenfeder auf einer _______________ an. Die ______________ hat nicht die Einheit Zentimeter, sondern die Einheit Newton.

4. Bilden Sie den Plural.

a)	eine Skala	drei	
b)	die Mutter des Kindes	zwei	der Kinder
c)	eine Schraubenmutter	vier	
d)	Die Mutter ist locker.	Alle	sind locker.

Kraftwirkungen und Wechselwirkungsgesetz

Wirkungen der Kraft

Eine Kraft, die ein Körper erfährt, erkennt man an ihren **Wirkungen**:
- Eine Kraft kann einen Körper **verformen** (z. B. die Feder im Kraftmesser).
- Eine Kraft kann einen Körper **beschleunigen**.

Beschleunigen bedeutet: Der Körper ändert seine Geschwindigkeit.

Die **Geschwindigkeitsänderung** erkennt man daran, dass
- der Körper schneller wird (der **Betrag** der Geschwindigkeit wird größer),
- der Körper langsamer wird (der **Betrag** der Geschwindigkeit wird kleiner),
- der Körper sich auf einer Kurve bewegt (die **Richtung** der Geschwindigkeit ändert sich).

Eine Kraft entsteht nicht von selbst, sondern sie wird von einem zweiten Körper erzeugt. Ein einziger Magnet erfährt keine Anziehung oder Abstoßung. Es gibt nur Anziehung oder Abstoßung, wenn noch ein zweiter Magnet oder ein ferromagnetischer Stoff da ist.

Ein Körper erfährt nur dann eine Kraft, wenn ein anderer Körper diese Kraft auf ihn ausübt.

Das Wechselwirkungsgesetz

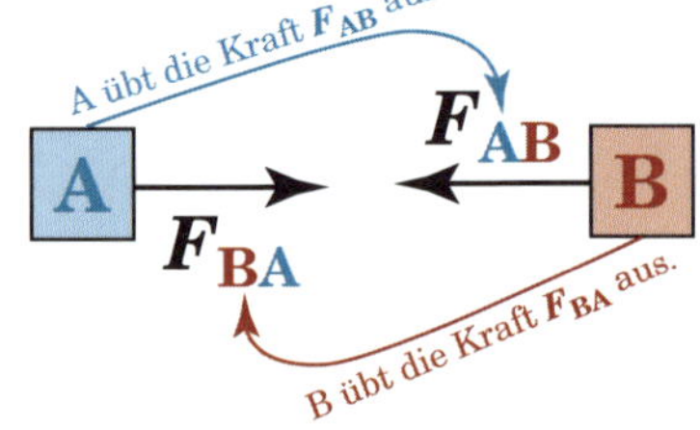

Die Kraft, die **A** auf **B ausübt**, nennen wir $\boldsymbol{F}_{AB}$.
Die Kraft $\boldsymbol{F}_{AB}$ **greift** an **B an**.
Die Kraft, die **B** auf **A ausübt**, nennen wir $\boldsymbol{F}_{BA}$.
Die Kraft $\boldsymbol{F}_{BA}$ **greift** an **A an**.

Ein Magnet A zieht einen Magneten B an. Gleichzeitig zieht auch der Magnet B den Magneten A an. Die Anziehung ist **gegenseitig**. Zwischen A und B gibt es eine **Wechselwirkung**. Die beiden Kräfte haben **entgegengesetzte Richtung**: Wenn **A** links und **B** rechts ist, dann zeigt $\boldsymbol{F}_{AB}$ von **rechts nach links** und $\boldsymbol{F}_{BA}$ von **links nach rechts**.

Diese Gegenseitigkeit gilt für alle Kräfte zwischen zwei Körpern, sie gilt nicht nur für Magnete. Man formuliert das **Wechselwirkungsgesetz für Kräfte**:

Wenn ein Körper A auf einen Körper B die Kraft $\boldsymbol{F}_{AB}$ ausübt, dann übt Körper B auf Körper A die Kraft $\boldsymbol{F}_{BA}$ aus.
$\boldsymbol{F}_{AB}$ und $\boldsymbol{F}_{BA}$ haben entgegengesetzte Richtungen.
$\boldsymbol{F}_{AB}$ und $\boldsymbol{F}_{BA}$ haben den gleichen Betrag.
$\boldsymbol{F}_{BA}$ heißt **Gegenkraft** zu $\boldsymbol{F}_{AB}$.

Beispiel: Man geht nach vorne. Bei jedem Schritt bewegt sich ein Fuß F nach hinten. Dabei übt der Fuß F auf den Boden B die Kraft $\boldsymbol{F}_{FB}$ nach hinten aus (Man tritt den Boden nach hinten). Wegen des Wechselwirkungsgesetzes übt der Boden auf den Fuß die Kraft $\boldsymbol{F}_{BF}$ nach vorne aus. $\boldsymbol{F}_{BF}$ sorgt dafür, dass man sich vorwärts bewegt.

beschleunigen
die **Beschleunigung**, -en
die **Geschwindigkeit**, -en
entgegengesetzt
die **Wechselwirkung**, -en
die **Gegenkraft**, ¨-e
das **Wechselwirkungsgesetz**

Übungen

1. Antworten Sie in einem kurzen Satz.

a) Woran erkennt man, dass ein Körper eine Kraft erfährt?

b) Welche Wirkungen hat eine Kraft?

c) Woran erkennt man eine Geschwindigkeitsänderung?
Man erkennt eine Geschwindigkeitsänderung daran, dass

d) Wie viele Körper sind (mindestens) nötig, damit eine Kraft wirken kann?

e) Was bedeuten die Indizes **A** und **B** in $\boldsymbol{F}_{AB}$?

f) $\boldsymbol{F}_{AB}$ und $\boldsymbol{F}_{BA}$ sind Gegenkräfte. Was gilt für
ihre Angriffspunkte?
ihre Richtungen?
ihre Beträge?

2. Welches Wort ist gesucht? Nennen Sie bei einem Nomen den Artikel.

a)	Punkt, in dem eine Kraft angreift	
b)	Feder, die die Form einer Schraube hat	
c)	die Kraft $\boldsymbol{F}_{BA}$ zu $\boldsymbol{F}_{AB}$	
d)	Änderung der Geschwindigkeit	
e)	A wirkt auf B und gleichzeitig B auf A	
f)	Bereich, den ein Messgerät anzeigen kann	
g)	Messgerät für die Kraft	
h)	Gesetz, das Kraft und Gegenkraft beschreibt	
i)	Von rechts nach links statt von links nach rechts	
j)	Wenn $a \times 2$, dann auch $b \times 2$: a und b sind …	

3. Zwei Kräfte $\boldsymbol{F}_1$ und $\boldsymbol{F}_2$ sind Gegenkräfte. Was gilt für sie?

4. Erklären Sie Kraft und Gegenkraft an den Beispielen.

a) Ein Mann läuft gegen eine Wand und fällt nach hinten.
Der Mann übt auf die Wand eine Kraft

b) Eine Schwimmerin macht Schwimmbewegungen im Wasser.
Die Arme und Beine der Schwimmerin üben

Kräftegleichgewicht

Manchmal greifen mehrere Kräfte an einem Körper an.

Eine Person trägt eine Tasche. Die Tasche hat das Gewicht $\boldsymbol{F}_\mathrm{G}$. Das heißt: Die Erde übt die Kraft $\boldsymbol{F}_\mathrm{G}$ auf die Tasche nach unten aus. Damit die Tasche nicht nach unten fällt, muss die Person die Kraft $\boldsymbol{F}_\mathrm{P}$ nach oben auf die Tasche ausüben.

Für die beiden Kräfte $\boldsymbol{F}_\mathrm{G}$ und $\boldsymbol{F}_\mathrm{P}$ gilt:

- $\boldsymbol{F}_\mathrm{G}$ und $\boldsymbol{F}_\mathrm{P}$ sind **entgegengesetzt gerichtet**.
- $\boldsymbol{F}_\mathrm{G}$ und $\boldsymbol{F}_\mathrm{P}$ liegen **auf derselben Geraden**.
- $\boldsymbol{F}_\mathrm{G}$ und $\boldsymbol{F}_\mathrm{P}$ haben **den gleichen Betrag**.
- $\boldsymbol{F}_\mathrm{G}$ und $\boldsymbol{F}_\mathrm{P}$ greifen **am selben Körper** an.

Man sagt: Die Kräfte $\boldsymbol{F}_\mathrm{G}$ und $\boldsymbol{F}_\mathrm{P}$ sind (*oder:* halten sich) im **Gleichgewicht**.

Kräftegleichgewicht
Zwei Kräfte, die auf denselben Körper wirken, sind im Gleichgewicht, wenn der Körper nicht beschleunigt wird.

Gleichgewicht bedeutet **nicht** *gleiches Gewicht*. Wir betrachten hier nur das **statische Kräftegleichgewicht** in der Physik. Ein Gleichgewicht kann sein:

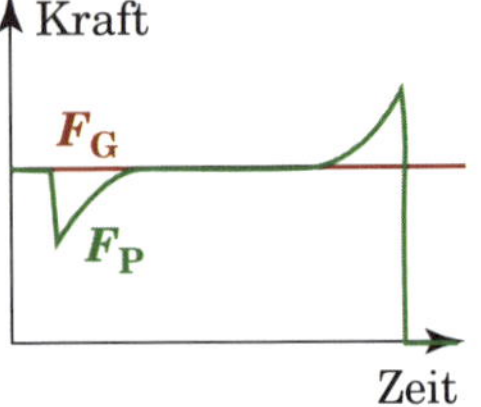

Eine Person setzt eine Tasche auf den Boden.

Wenn der Betrag der Kraft $\boldsymbol{F}_\mathrm{P}$ größer als das Gewicht ist, wird die Tasche nach oben beschleunigt. Wenn der Betrag der Kraft $\boldsymbol{F}_\mathrm{P}$ kleiner als das Gewicht ist, wird die Tasche nach unten beschleunigt. Wenn man eine Tasche auf dem Boden absetzen oder vom Boden hochheben will, muss $\boldsymbol{F}_\mathrm{P}$ zeitweise kleiner bzw. größer als das Gewicht sein.

das **Gleichgewicht**
im Gleichgewicht sein
sich im Gleichgewicht halten
stabil – indifferent – labil

An einem Bild sollen Kräfte im Gleichgewicht und Gegenkräfte verglichen werden.

Zwei Männer A und B ziehen an einem Seil C.
A übt die Kraft $\boldsymbol{F}_\mathrm{AC}$ auf das Seil aus.
B übt die Kraft $\boldsymbol{F}_\mathrm{BC}$ auf das Seil aus.
Die beiden Kräfte $\boldsymbol{F}_\mathrm{AC}$ und $\boldsymbol{F}_\mathrm{BC}$ **greifen am Seil C** an. Sie sind im **Gleichgewicht**.

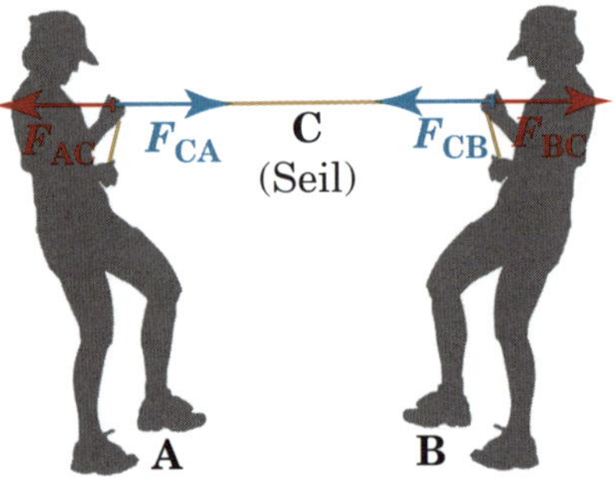

Weil A auf das Seil die Kraft $\boldsymbol{F}_\mathrm{AC}$ ausübt, zieht das Seil an A mit der Kraft $\boldsymbol{F}_\mathrm{CA}$.
$\boldsymbol{F}_\mathrm{CA}$ ist die **Gegenkraft** von $\boldsymbol{F}_\mathrm{AC}$.
Weil B auf das Seil die Kraft $\boldsymbol{F}_\mathrm{BC}$ ausübt, zieht das Seil an B mit der Kraft $\boldsymbol{F}_\mathrm{CB}$.
$\boldsymbol{F}_\mathrm{CB}$ ist die **Gegenkraft** von $\boldsymbol{F}_\mathrm{BC}$.

Übungen

1. Zwei Personen A und B drücken gegen eine Stange. Die Stange ist in Ruhe. Das Bild enthält Kraftpfeile.

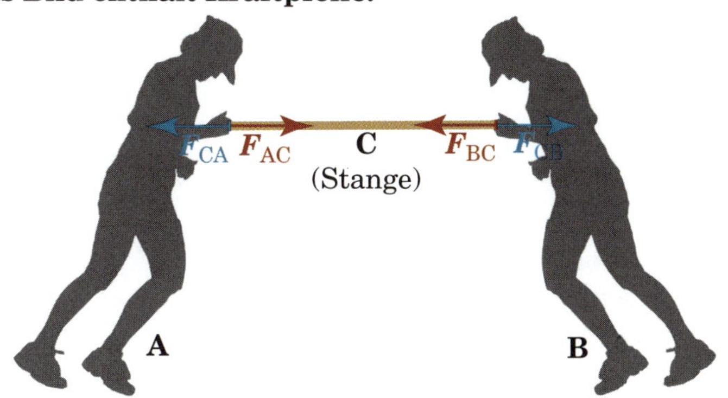

a) An wen oder woran greifen die Kräfte an?

F_{AC} greift an der Stange C an. F_{CA} ______

F_{BC} ______ F_{CB} ______

b) Wer oder was übt welche Kraft auf wen oder worauf aus?

A übt ______

B ______

C ______

C ______

c) Die Kräfte ______ und ______ sind im Gleichgewicht.

d) Die Kräfte ______ und ______ sind Gegenkräfte

und die Kräfte ______ und ______ sind Gegenkräfte.

2. Zwei Kräfte haben gleichen Betrag und entgegengesetzte Richtung. Woran erkennt man, ob sie im Gleichgewicht sind oder ob sie Gegenkräfte sind?

Kräfte, die im Gleichgewicht sind, greifen ______

______

______

3. Stabil, labil oder indifferent? Entscheiden Sie.

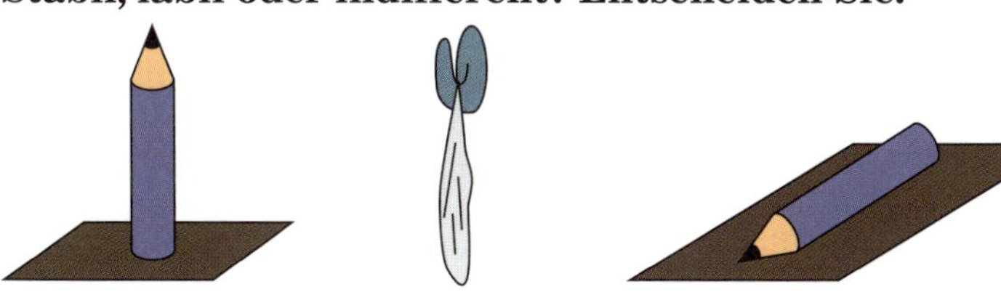

Bleistift auf Tisch — Tuch am Haken — Bleistift auf Tisch — Kugel am Faden

a) ______ b) ______ c) ______ d) ______

13 Die resultierende Kraft

❶ Zwei Personen tragen **gemeinsam** eine Tasche. Die Tasche hat das Gewicht F_G. Person A wendet die Kraft F_A auf, Person B die Kraft F_B. Die beiden Kräfte F_A **und** F_B halten **gemeinsam** die Kraft F_G im Gleichgewicht.

❷ Eine Person trägt die Tasche **allein**. Die Kraft F_P hält die Kraft F_G im Gleichgewicht. F_G ist entgegengesetzt zu F_P gerichtet und hat den gleichen Betrag (↗ S. 28).

❷ F_P hält F_G im Gleichgewicht.
❶ F_A **und** F_B halten **gemeinsam** F_G im Gleichgewicht.
F_A **und** F_B haben **gemeinsam** die **gleiche Wirkung** wie F_P.
Wir sagen: F_A **und** F_B **sind gemeinsam gleich** F_P.
F_P heißt **resultierende Kraft** oder **Resultierende** der Kräfte F_A und F_B.
F_A und F_B heißen **Komponenten** von F_P.

❸ Aus F_A **und** F_B kann man zeichnerisch F_P konstruieren:
- Man zeichnet eine **Parallele** zu F_A. Die **Parallele** muss durch die **Spitze von** F_B gehen.
- Man zeichnet eine **Parallele** zu F_B. Die **Parallele** muss durch die **Spitze von** F_A gehen.
- Die **Parallele** zu F_B schneidet die **Parallele** zu F_A in einem Punkt. Die Spitze von F_P ist in diesem Punkt.
- Im gemeinsamen Fußpunkt von F_A und F_B liegt der Fußpunkt von F_P.

Das Parallelogramm aus F_A, F_B und **den beiden Parallelen** zu F_A und F_B heißt **Kräfteparallelogramm**.

❶ F_A F_B F_G
❷ F_P F_G
❸ F_P F_A F_B

> Man kann mehrere Kräfte, die denselben Angriffspunkt haben, durch eine einzige Kraft ersetzen. Diese Kraft bestimmt man durch ein Kräfteparallelogramm.

Ein Kraftpfeil liegt auf einer Geraden. Diese Gerade heißt **Wirkungslinie** der Kraft. Meistens haben die Kräfte, die auf einen Körper wirken, nicht denselben Angriffspunkt. Wenn sich die Wirkungslinien der Kräfte in einem Punkt schneiden, **verschiebt man die Kraftpfeile** längs ihrer Wirkungslinien, bis ihre Fußpunkte im Schnittpunkt der Wirkungslinien liegen. Dann kann man durch ein Kräfteparallelogramm die resultierende Kraft bestimmen.

In der Mathematik gibt es Objekte, die Richtung und Betrag haben und mit denen man rechnen kann. Diese Objekte heißen **Vektoren**. Es gibt Additionsregeln für Vektoren, die anders als die Regeln für das Addieren von Zahlen sind. Eine Kraft ist eine **Vektorgröße**, weil sie eine Richtung und einen Betrag hat und für sie die Regeln der Vektorrechnung gelten. Die Geschwindigkeit ist ein zweites Beispiel für eine Vektorgröße.

eine **Kraft aufwenden**
die **resultierende Kraft**
die **Resultierende**, -n
die **Komponente**, -n
parallel – die **Parallele**, -n
das **Parallelogramm**, -e
das **Kräfteparallelogramm**
die **Wirkungslinie**, -n
der **Véktor**, Vektóren Wort-akzent !
die **Vektorgröße**

Übungen

1. Ergänzen Sie. Die **roten Symbole** stehen für die gesuchten Wörter.

a) Zwei gegenüber liegende Seiten in einem ▱ Parallelogramm sind // ________.

b) Zwei F↗ ________ greifen am selben Körper in zwei verschiedenen • ________ an. Wir wollen die ▱ ________ konstruieren. Wir verschieben zuerst die Kraftpfeile längs ihrer F→ ________, bis ihre F→ ________ im ✕ ________ der F→ ________ liegen.

c) Zwei F↗ ________, die im selben • ________ angreifen, haben eine ▱ ________. Die beiden F↗ ________ sind dann die ▱ ________ der ▱ ________.

2. Unterstreichen Sie die Verben rot und die Präpositionen grün. Schreiben Sie den Infinitiv der Verben auf.

a) Ich übe eine Kraft auf die Tasche aus. ausüben

b) Die Kraft greift an der Tasche an. ________

c) Ich setze die Tasche auf dem Boden ab. ________

d) Ich hebe die Tasche vom Boden auf. ________

e) Sie liest den Wert auf der Skala ab. ________

3. Die Bilder zeigen zwei Kräfte F_A und F_B und ihre Resultierende F_{Res}. Messen Sie die Längen aller Kraftpfeile und geben Sie das Ergebnis in Newton an (1 N ≙ 1 cm).

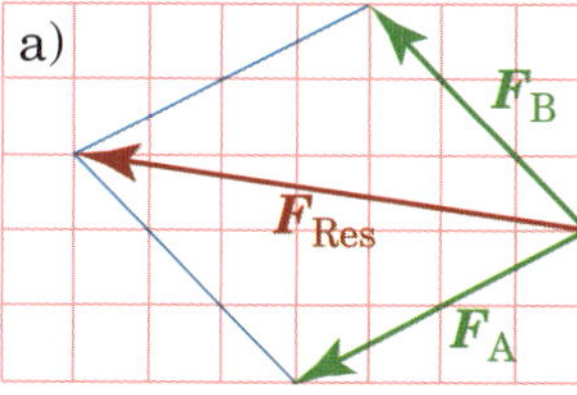

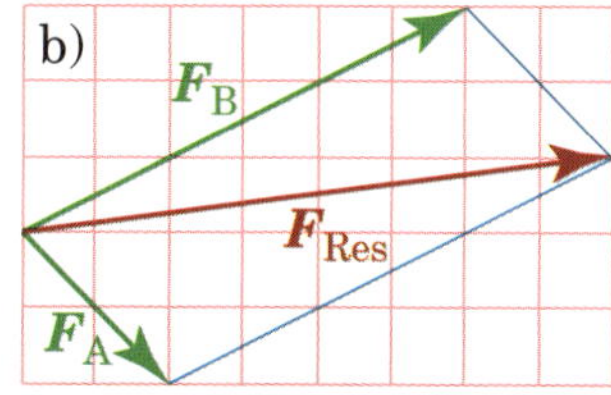

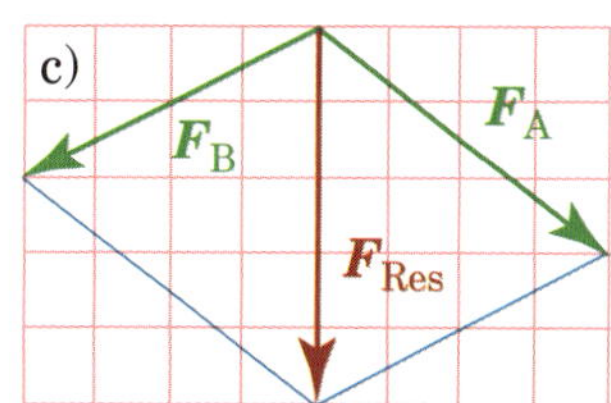

4. Zwei Kräfte F_1 und F_2 greifen in einem Punkt an. Zeichnen Sie die Resultierende F_3. Messen Sie die Beträge von F_1, F_2 und F_3 (1 N ≙ 1 cm).

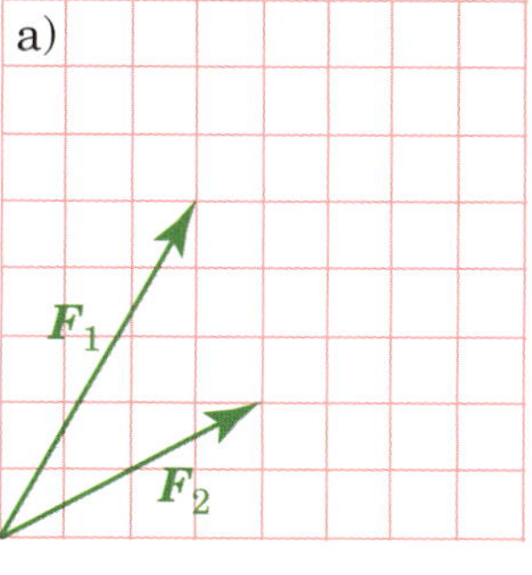

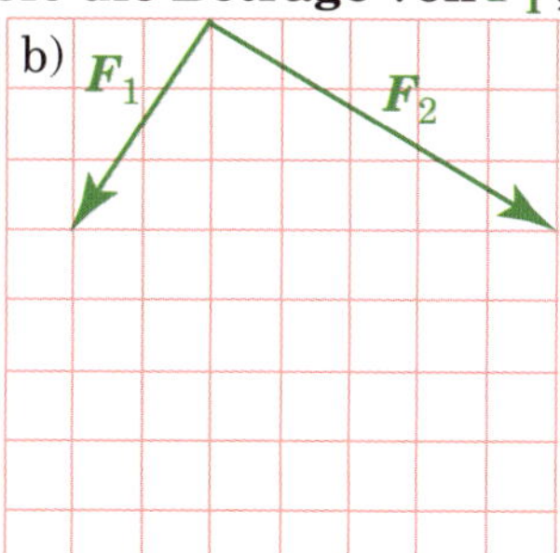

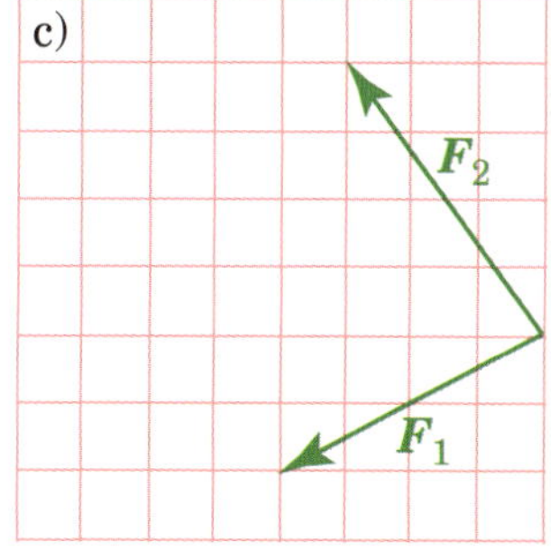

14 Vektoren

Definition des Vektors

Eine Kraft hat eine Richtung, einen Betrag und einen Angriffspunkt. Man kann die Kraft durch einen Pfeil darstellen.

In der Mathematik definiert man Vektoren. Ein **Vektor** hat eine **Richtung** und einen **Betrag**. Er hat aber **keinen** Angriffspunkt wie die Kraft. Man kann ihn verschieben. Bei der Verschiebung darf sich die Richtung und der Betrag nicht ändern. Für die Vektoren gibt es Rechenregeln.

Vektoren sind **frei verschiebbare Pfeile**. Man kann Vektoren **addieren** (+) und mit einer reellen Zahl **multiplizieren** (·).

Wenn man mit Vektoren rechnet, muss man auch die Richtungen der Vektoren berücksichtigen. Die Addition von Vektoren ist etwas anderes als die Addition von reellen Zahlen. Trotzdem verwendet man das gleiche Wort und das gleiche Zeichen.

Einschub: Das Rechnen mit reellen Zahlen				
Zeichen	*man liest*	*Verb*	*Nomen*	*Ergebnis / Term*
+	**plus**	**addieren** $zu_{Dat.}$	die **Addition**	die **Summe**, -n
–	**minus**	**subtrahieren** $von_{Dat.}$	die **Subtraktion**	die **Differenz**, -en
· | ×	**mal**	**multiplizieren** $mit_{Dat.}$	die **Multiplikation**	das **Produkt**, -e
: | / | ÷	**durch**	**dividieren** $durch_{Akk.}$	die **Division**	der **Quotient**, -en

Als Symbole für Vektoren verwendet man

- Buchstaben mit Pfeilen: $\vec{a}, \vec{b}, \vec{c}, \vec{d}, \ldots$
- Fettdruck: $\boldsymbol{a}, \boldsymbol{b}, \boldsymbol{c}, \boldsymbol{d}, \ldots$

Für den **Betrag** eines Vektors verwendet man **Betragsstriche**: $|\vec{a}|$ oder $|\boldsymbol{a}|$

Die Vektorsumme

❶ Wir wollen die Vektoren $\boldsymbol{a}$ und $\boldsymbol{b}$ **vektoriell addieren**.
❷ Hierzu verschieben wir den zweiten Vektor $\boldsymbol{b}$ ($\rightarrow \boldsymbol{b}$), sodass sein Fußpunkt an der Spitze des ersten Vektors $\boldsymbol{a}$ liegt.
❸ Der **Summenvektor** $\boldsymbol{a} + \boldsymbol{b}$ geht dann vom Fußpunkt des ersten Vektors $\boldsymbol{a}$ bis zur Spitze des zweiten Vektors $\boldsymbol{b}$.

Man erhält das gleiche Ergebnis, wenn man die Fußpunkte von $\boldsymbol{a}$ und $\boldsymbol{b}$ zusammenbringt und ein Parallelogramm zeichnet.

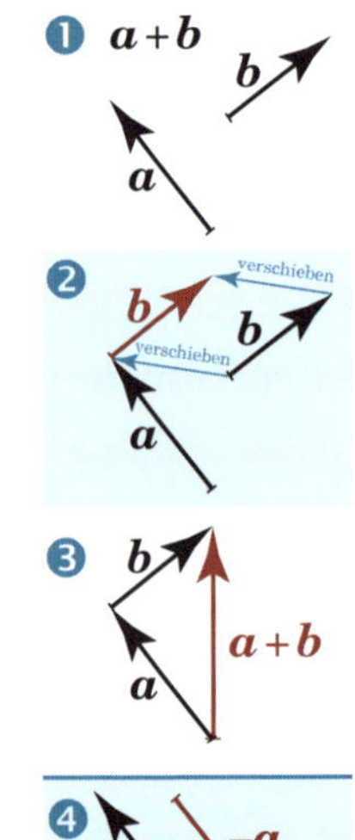

der **Véktor**, Vektóren
verschieben
verschiebbar
vektoriell
der **Summenvektor**
die **Vektorsumme**
der **Gegenvektor**
der **Nullvektor**

❹ Zu jedem Vektor $\boldsymbol{a}$ gibt es einen **Gegenvektor** $-\boldsymbol{a}$. Dieser Gegenvektor hat den gleichen Betrag wie $\boldsymbol{a}$, aber entgegengesetzte Richtung.

Der Summenvektor aus einem Vektor $\boldsymbol{a}$ und seinem Gegenvektor $-\boldsymbol{a}$ hat den Betrag 0. Ein Vektor, der den Betrag 0 hat, heißt **Nullvektor** $\mathbf{0}$ (*oder* $\vec{0}$).

Übungen

1. Setzen Sie ein.

a) 2 + 3 = 5 Die ________________ aus 2 und 3 ist 5.
Wenn man 3 ______ 2 ________________, erhält man 5.

b) 5 – 1 = 4 Die ________________ aus 5 und 1 ist 4.
Wenn man 1 ______ 5 ________________, erhält man 4.

c) 2 · 3 = 6 Das ________________ aus 2 und 3 ist 6.
Wenn man 2 ______ 3 ________________, erhält man 6.

d) 12 : 3 = 4 Der ________________ aus 12 und 3 ist 4.
Wenn man 12 ______ 3 ________________, erhält man 4.

2. Suchen Sie die Wörter im Text auf Seite 32.

a)	Vektor, der den Betrag 0 hat	
b)	Vektor, der die Summe aus zwei anderen Vektoren ist	
c)	Summe aus zwei Vektoren	
d)	Vektor mit entgegengesetzter Richtung und gleichem Betrag	
e)	kann verschoben werden	
f)	Adjektiv zu Vektor	
g)	Striche zur Kennzeichnung des Betrags	
h)	Regel für das Rechnen	

3. Bilden Sie Komposita und nennen Sie den Artikel.
Manchmal muss man einen Buchstaben hinzufügen oder weglassen.
Bestimmungswort: *~~Angriff~~, Betrag, fett, Fuß, gegen, Null, rechnen, Summe, Vektor*
Grundwort: *Druck, ~~Punkt~~, Punkt, Regel, Strich, Summe, Vektor, Vektor, Vektor*

der Angriffspunkt		

4. Addieren Sie die Vektoren zeichnerisch.

a)
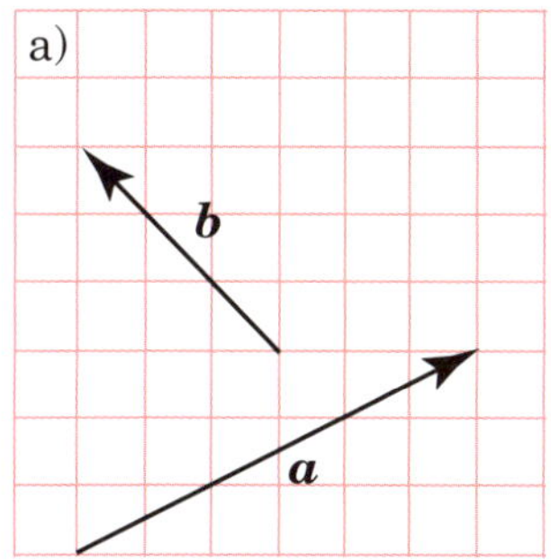

b)
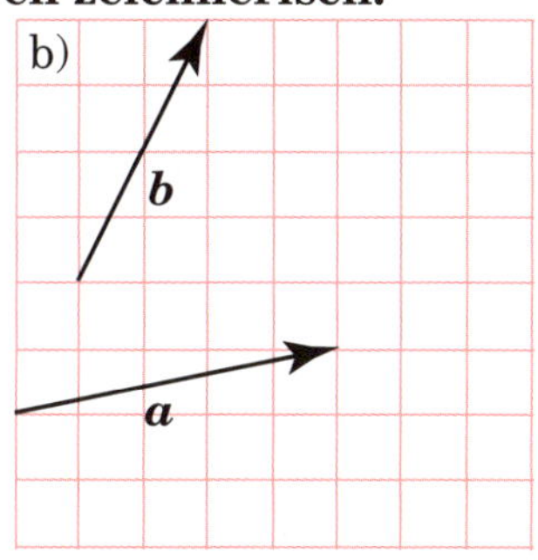

c)
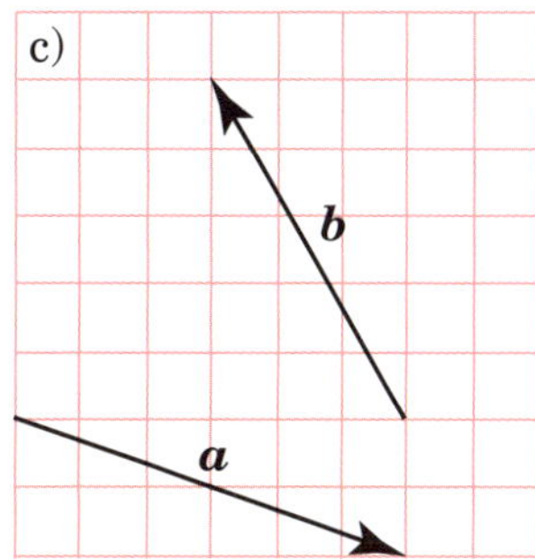

15 Vektoren im Koordinatensystem

Ein **rechtwinkliges Koordinatensystem** hat zwei **Achsen (Koordinatenachsen)**. Die beiden Achsen **stehen senkrecht aufeinander**. Die **horizontale** Achse heißt **x-Achse**, die **vertikale** Achse heißt **y-Achse**. Sie schneiden sich im **Ursprung** des Koordinatensystems (im **Koordinatenursprung**). In diesem Punkt sind $x = 0$ und $y = 0$. Man unterteilt die Achsen durch Striche. Wir wählen auf der x- und auf der y-Achse den gleichen Maßstab. (Im Bild: 2 ≙ 1 cm; *zwei im Koordinatensystem entsprechen einem Zentimeter auf den Achsen*).

Wir tragen in das Koordinatensystem **Punkte** ein. Wir geben die **Koordinaten** der Punkte an. Der Punkt B hat die **x-Koordinate** –3 und die **y-Koordinate** 1.

( )
die **Klammer**, -n
(Klammer auf
) Klammer zu

Man schreibt: $B(-3\,|\,1)$. *Man liest: (Punkt) B, minus drei, eins*. (Man nennt zuerst die x-Koordinate und dann die y-Koordinate).
Die anderen Punkte sind: $A(1\,|\,3)$, $C(-2\,|\,-3)$, $D(2\,|\,-4)$.

Vom Ursprung des Koordinatensystems zeichnen wir Pfeile zu den Punkten. Diese Pfeile stellen Vektoren dar. Wir verwenden die **Spaltenschreibweise** für Vektoren:

$$\boldsymbol{a} = \begin{pmatrix} 1 \\ 3 \end{pmatrix}, \boldsymbol{b} = \begin{pmatrix} -3 \\ 1 \end{pmatrix}, \boldsymbol{c} = \begin{pmatrix} -2 \\ -3 \end{pmatrix}, \boldsymbol{d} = \begin{pmatrix} 2 \\ -4 \end{pmatrix}$$

Man liest: (Vektor) b gleich (Vektor) minus drei, eins

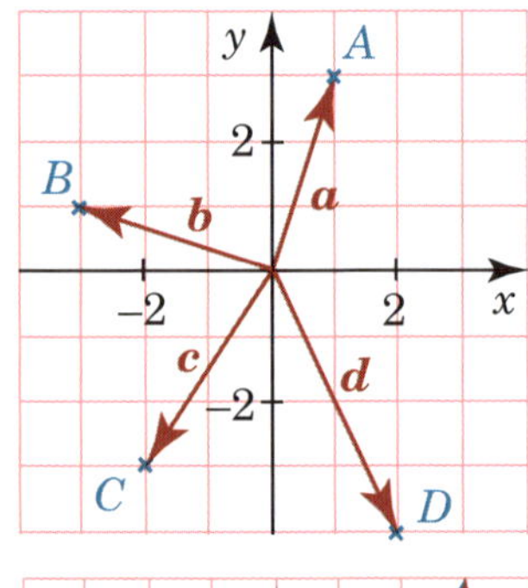

Die obere Zahl im **Spaltenvektor** ist die x-Koordinate des Vektors, die untere Zahl ist die y-Koordinate.

Die Koordinaten eines Spaltenvektors bleiben gleich, wenn man den Vektor verschiebt.

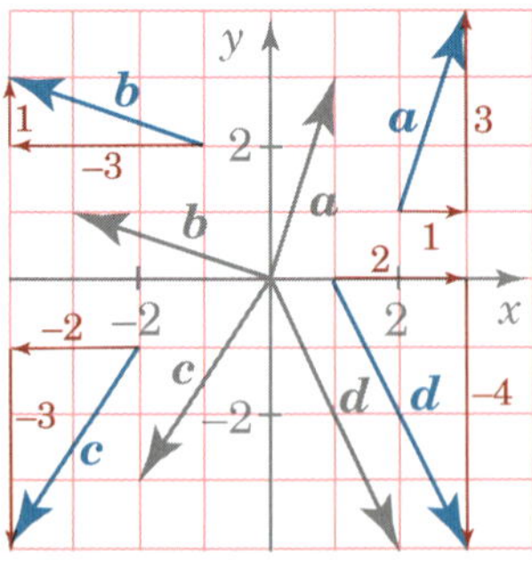

Bestimmung der Koordinaten:

- x: Wie viele Einheiten liegt die Spitze rechts vom Fußpunkt? (links vom Fußpunkt: x ist negativ)
- y: Wie viele Einheiten liegt die Spitze oberhalb des Fußpunkts? (unterhalb: y ist negativ)

Addition zweier Spaltenvektoren:

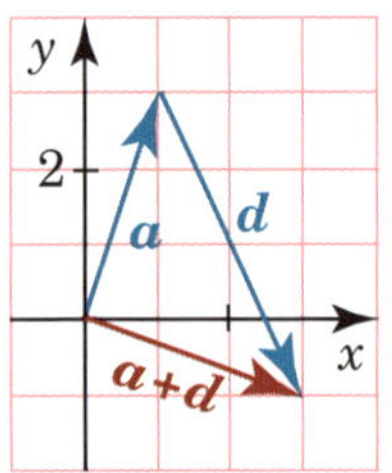

$$\boldsymbol{a} + \boldsymbol{d} = \begin{pmatrix} 1 \\ 3 \end{pmatrix} + \begin{pmatrix} 2 \\ -4 \end{pmatrix} = \begin{pmatrix} 1+2 \\ 3-4 \end{pmatrix} = \begin{pmatrix} 3 \\ -1 \end{pmatrix}$$

die **Koordinate**, -n	der **Koordinatenursprung**
das **Koordinatensystem**, -e	**senkrecht stehen** auf$_{Akk.}$
die **Achse**, -n	**horizontal** (waagerecht) —
x-Achse – **y-Achse**	**vertikal** (senkrecht) |
der **Ursprung**, ¨-e	der **Spaltenvektor**, -en

Übungen

1. Suchen Sie die Wörter im Text auf Seite 34.

a)	obere Zahl im Spaltenvektor	
b)	Schnittpunkt der Koordinatenachsen	
c)	horizontale Gerade mit Pfeil durch $y = 0$	
d)	vertikale Gerade mit Pfeil durch $x = 0$	
e)	untere Zahl im Spaltenvektor	
f)	Art, einen Vektor durch zwei Zahlen auszudrücken	
g)	an eine andere Stelle bringen	
h)	*Nomen für etwas wie* $1 \mathrel{\hat{=}} 2$ cm	
i)	Adjektiv zum Winkel 90°	
j)	x- und y-Achse stehen ⊥ aufeinander	
k)	1 im Koordinatensystem $\mathrel{\hat{=}}$ 0,5 cm	
l)	*Synonym für* (Punkte in ein Koordinatensystem) zeichnen	
m)	Welcher Teil des Vektors zeigt die Richtung an?	

2. Geben Sie die Punkte an und lesen Sie vor.

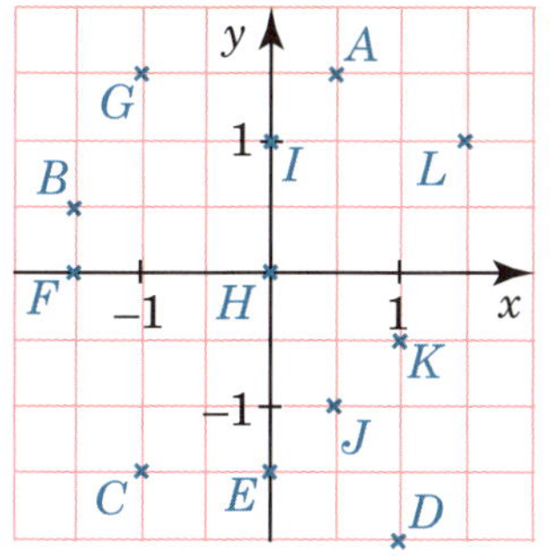

A(0,5|1,5)
(Punkt) A
null Komma
fünf,
eins Komma
fünf

3. Geben Sie als Spaltenvektoren an und lesen Sie vor.

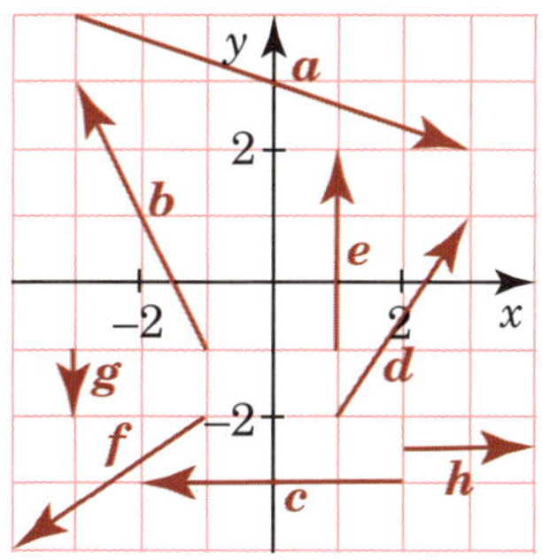

$\vec{a} = \begin{pmatrix} 6 \\ -2 \end{pmatrix}$
(Vektor) a
gleich (Vektor)
sechs,
minus zwei

4. Berechnen Sie zu Aufgabe 3 die Vektorsummen:

a) $\boldsymbol{a} + \boldsymbol{b}$ b) $\boldsymbol{b} + \boldsymbol{g}$ c) $\boldsymbol{c} + \boldsymbol{e}$ d) $\boldsymbol{h} + \boldsymbol{c}$
e) $\boldsymbol{h} + \boldsymbol{c} + \boldsymbol{h}$ f) $\boldsymbol{d} + \boldsymbol{h} + \boldsymbol{e}$ g) $\boldsymbol{f} + \boldsymbol{d} + \boldsymbol{h}$ h) $\boldsymbol{e} - \boldsymbol{b}$

5. In der nebenstehenden Abbildung sind sechs Vektoren dargestellt.

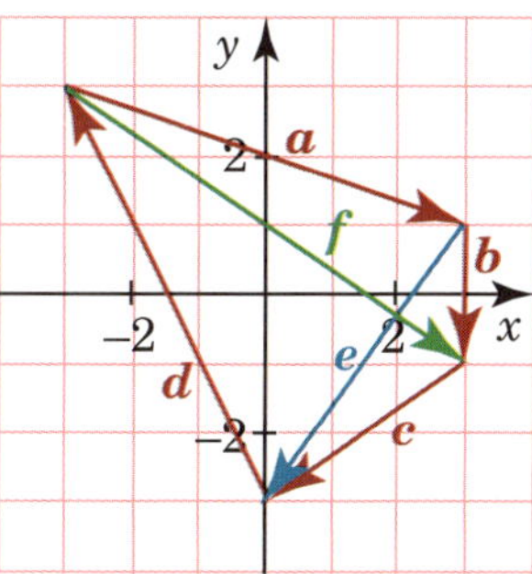

a) Berechnen Sie $\boldsymbol{a} + \boldsymbol{b} + \boldsymbol{c} + \boldsymbol{d}$.
b) Welchen Zusammenhang gibt es zwischen $\boldsymbol{a}$, $\boldsymbol{b}$ und $\boldsymbol{f}$?
c) Welchen Zusammenhang gibt es zwischen $\boldsymbol{b}$, $\boldsymbol{c}$ und $\boldsymbol{e}$?
d) Wie kann man den Gegenvektor von $\boldsymbol{f}$ als Summe aus zwei anderen Vektoren erhalten?
e) Wie kann man den Gegenvektor von $\boldsymbol{e}$ als Summe aus zwei anderen Vektoren erhalten?

Vektoren und Gleichgewicht

Der Betrag eines Spaltenvektors

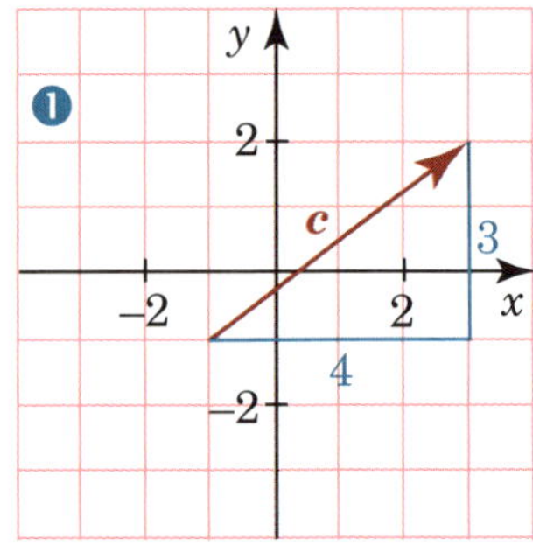

Die Länge des Vektorpfeils gibt den Betrag des Vektors an. Man kann in Abbildung ➊ den Betrag des Vektors ***c*** mit einem Lineal messen. Auf dem Lineal liest man 2,5 cm ab. An der Einteilung der Achsen erkennt man den Maßstab: 1 cm ≙ 2. Der Betrag von ***c*** ist also $|\boldsymbol{c}| = 5$.

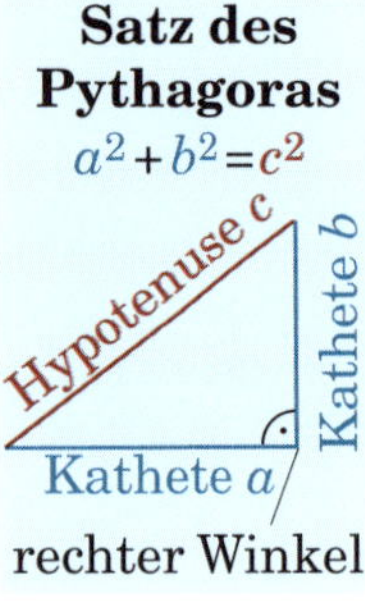

Auf $|\boldsymbol{c}|$ kann man auch mithilfe des **Satzes des Pythagoras** kommen:
$4^2 + 3^2 = 5^2$

> Für jedes rechtwinklige Dreieck gilt: $a^2 + b^2 = c^2$.
> a und b sind die Katheten, c ist die Hypotenuse des Dreiecks.

Man erhält für den Betrag von ***c***: $|\boldsymbol{c}| = \left|\begin{pmatrix}4\\3\end{pmatrix}\right| = \sqrt{4^2+3^2} = \sqrt{25} = 5$

Man liest: c Betrag gleich Vektor 4 3 (zum) Betrag gleich Wurzel aus | vier Quadrat plus drei Quadrat | gleich Wurzel aus 25 | gleich 5

Nullvektor

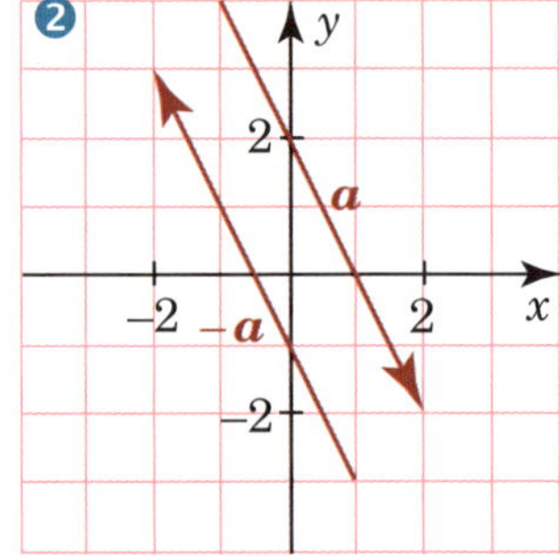

Die Summe aus einem Vektor ***a*** und seinem Gegenvektor ***–a*** (Abb. ➋) ist gleich dem **Nullvektor 0**:

$$\boldsymbol{a} + (-\boldsymbol{a}) = \begin{pmatrix}3\\-6\end{pmatrix} + \begin{pmatrix}-3\\6\end{pmatrix} = \begin{pmatrix}0\\0\end{pmatrix} = \boldsymbol{0}$$

Kräftegleichgewicht

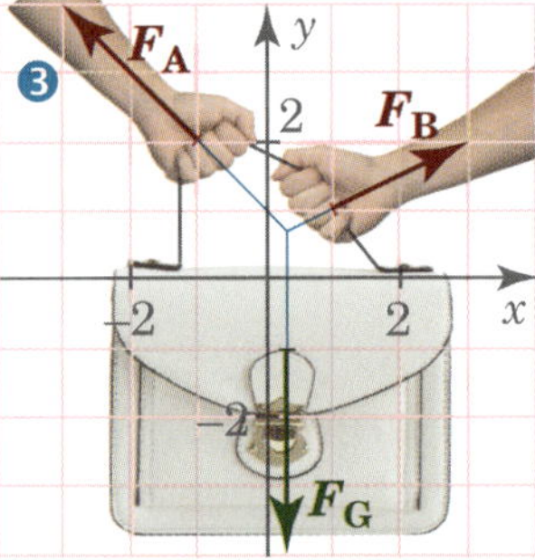

Wir können nun mithilfe von Spaltenvektoren leicht feststellen, ob mehrere Kräfte im Gleichgewicht sind. Wenn der Maßstab 10 N ≙ 1 ist, gilt (Abb. ➌):

$$\boldsymbol{F}_\text{A} = \begin{pmatrix}-20\text{ N}\\20\text{ N}\end{pmatrix} \qquad \boldsymbol{F}_\text{B} = \begin{pmatrix}20\text{ N}\\10\text{ N}\end{pmatrix} \qquad \boldsymbol{F}_\text{G} = \begin{pmatrix}0\text{ N}\\-30\text{ N}\end{pmatrix}$$

$$\boldsymbol{F}_\text{A} + \boldsymbol{F}_\text{B} + \boldsymbol{F}_\text{G} = \begin{pmatrix}-20\text{ N}\\20\text{ N}\end{pmatrix} + \begin{pmatrix}20\text{ N}\\10\text{ N}\end{pmatrix} + \begin{pmatrix}0\text{ N}\\-30\text{ N}\end{pmatrix} = \begin{pmatrix}0\text{ N}\\0\text{ N}\end{pmatrix} = \boldsymbol{0}$$

> Kräfte sind im Gleichgewicht, wenn ihre Wirkungslinien sich in einem Punkt schneiden und ihre Vektorsumme **0** ist.

Vektoren im Raum

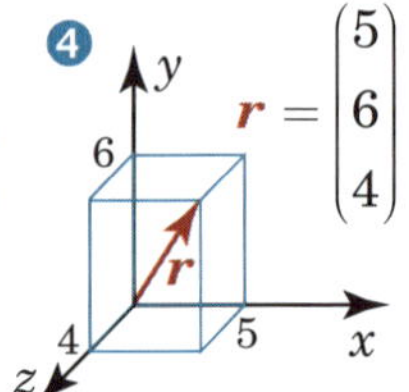

Wir haben alle Vektoren in der Ebene dargestellt. Unser Raum ist jedoch dreidimensional. Alle Vektorregeln gelten auch für ein dreidimensionales Koordinatensystem mit x-, y- und z-Achse. Die Spaltenvektoren haben dann drei Koordinaten. Die z-Achse kommt in Abbildung ➍ aus der Papierebene heraus.

Übungen

1. Überprüfen Sie den Satz des Pythagoras.

- Messen Sie mit einem Lineal die Längen der beiden Katheten a und b und die Länge der Hypotenuse c (Geben Sie die Längen in ganzen Millimetern an).
- Berechnen Sie die Quadrate von a, b, c.
- Überprüfen Sie, ob $a^2 + b^2 = c^2$ ist.

a) 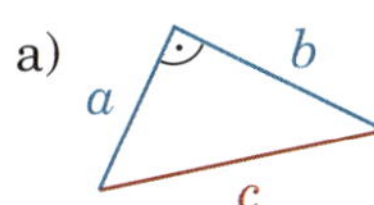

b) 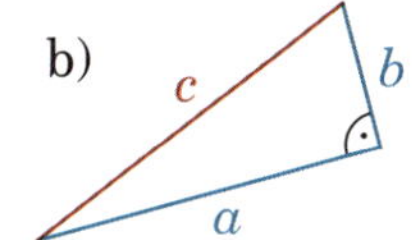

c) 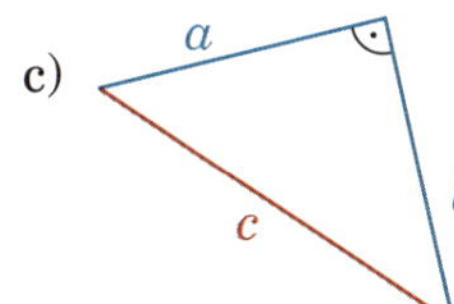

d) 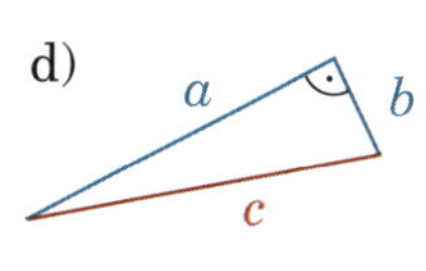

2. Bestimmen Sie auf zwei Arten die Beträge der Vektoren.

- Messen Sie die Pfeillängen mit einem Lineal und geben Sie den Betrag an.
- Schreiben Sie den Vektor in Spaltenschreibweise auf und berechnen Sie daraus den Betrag.
- Vergleichen Sie die Ergebnisse.

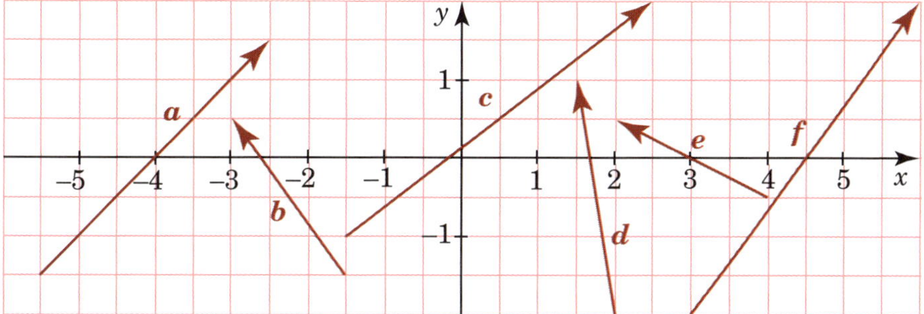

3. Gegeben sind drei Kräfte im Koordinatensystem, die alle am selben Körper angreifen. Überprüfen Sie, ob die Kräfte im Gleichgewicht sind. Antworten Sie, warum Gleichgewicht vorliegt oder nicht.

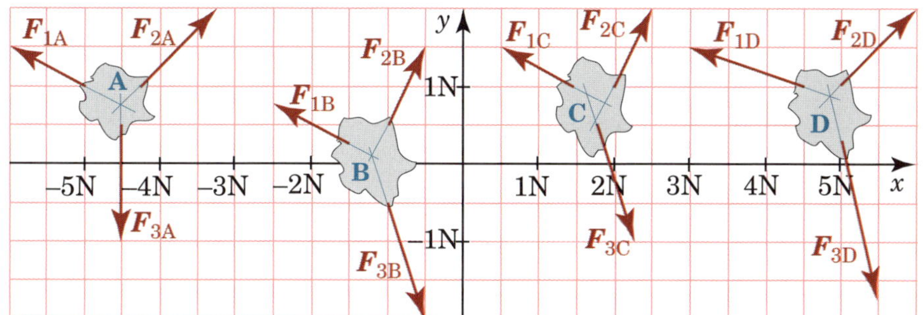

F_{1A}, F_{2A} und F_{3A} sind im Gleichgewicht, weil ihre Vektorsumme 0 ist und ihre Wirkungslinien durch einen Punkt gehen:

$$\vec{F}_{1A} + \vec{F}_{2A} + \vec{F}_{3A} = \begin{pmatrix} -1 \\ 0{,}5 \end{pmatrix} + \begin{pmatrix} 1 \\ 1 \end{pmatrix} + \begin{pmatrix} 0 \\ -1{,}5 \end{pmatrix} = \begin{pmatrix} 0 \\ 0 \end{pmatrix} = \vec{0}$$

17

Masse und Gewicht

Unterschied zwischen Masse und Gewicht

Ein Körper ist eine begrenzte Menge von Materie (↗ S. 20). Ein Körper kann viel oder wenig Materie enthalten. Zum Beispiel enthält ein einzelnes Blatt Papier weniger Materie als ein ganzes Buch. Wie viel Materie ein Körper hat, gibt man durch seine **Masse** an. Die Einheit der Masse ist ein Kilogramm.

Wenn man einen Körper, z.B. eine Tafel Schokolade, an einen anderen Ort bringt, ändert sich die Masse nicht. Eine 100-g-Tafel Schokolade hat auf der Erde, auf dem Mond und im Weltraum die Masse 100 g. Sie ist jedoch auf dem Mond leichter als auf der Erde: Auf der Erde ist ihr Gewicht etwa 0,98 N, auf dem Mond nur 0,16 N. Im Weltraum ist die Tafel Schokolade schwerelos, ihr Gewicht ist 0 N. Auf dem Mond oder im Weltraum würde man von der Tafel Schokolade genauso satt wie auf der Erde, denn sie besteht an jedem Ort aus gleich viel Materie. Ihre Masse ist überall gleich, das Gewicht hängt dagegen vom Ort ab.

Im Alltag unterscheidet man meistens nicht zwischen Masse und Gewicht. Man sagt z.B., dass die Tafel Schokolade 100 g *wiegt*. In der Physik muss man jedoch zwischen Masse und Gewicht unterscheiden. Damit es wegen der Umgangssprache keine Probleme gibt, bezeichnet man das Gewicht häufig als **Gewichtskraft**.

> Die **Masse** gibt an, aus wie viel Materie ein Körper besteht. Die Einheit der Masse ist 1 kg (ein Kilogramm).
> Das **Gewicht** (die Gewichtskraft) ist die Kraft, die auf eine Masse in der Nähe der Erdoberfläche nach unten wirkt. Die Einheit des Gewichts ist 1 N (ein Newton).

Warum haben Massen ein Gewicht?

Körper haben auf der Erde oder auf dem Mond ein Gewicht, **weil sich Massen gegenseitig anziehen**. Die Erde hat eine viel größere Masse als der Mond; daher zieht die Erde die Tafel Schokolade stärker als der Mond an. Man nennt die gegenseitige Anziehung von Massen **Gravitation**. Die Gravitation hat nichts mit Magnetismus zu tun: Beim Magnetismus gibt es Anziehung und Abstoßung, bei der Gravitation nur Anziehung. Der Magnetismus wirkt nur auf Körper, die aus ferromagnetischen Stoffen bestehen, die Gravitation wirkt auf alle Körper.

Die Trägheit

In einem Geschäft rollt ein Einkaufswagen. Sie wollen den Einkaufswagen anhalten. Die Kraft, die Sie zum Abbremsen des Einkaufswagens brauchen, ist umso größer, je mehr Waren im Einkaufswagen liegen.

> die **Masse**, -n
> das **Gewicht**, -e
> die **Gewichtskraft**
> die **Gravitation**
> **träge** – die **Trägheit**

Wenn man eine Masse beschleunigen oder abbremsen will, braucht man Kraft. Man sagt, Massen sind **träge**. **Trägheit** bedeutet, dass eine Masse seine Geschwindigkeit nicht ändert, solange sie keine Kraft erfährt. Eine Masse kann nur durch eine Kraft schneller oder langsamer werden oder ihre Bewegungsrichtung ändern. Ein rollender Einkaufswagen kommt nach einiger Zeit zur Ruhe, weil zwischen Rädern und Boden die Reibungskraft wirkt, die den Wagen abbremst.

> Man erkennt die Masse an ihren Eigenschaften: Gewicht und Trägheit.

Übungen

1. Suchen Sie die Wörter im Text.

a)	Menge der Materie	
b)	gegenseitige Anziehung von Massen	
c)	Eine Masse will seine Geschwindigkeit nicht ändern	
d)	Ein Körper hat kein Gewicht. Er ist	
e)	Kraft zwischen zwei Körpern, die sich berühren	

2. Zwei Antworten sind richtig. Kreuzen Sie an. ☒

1. a) Auf der Erde sind 100 g gleich 0,98 N. ☐
   b) Das Gewicht hat die Einheit 1 N. ☐
   c) Auf dem Mond wiegt man weniger als auf der Erde. ☐
2. a) Die Masse hat die Einheit 1 kg. ☐
   b) Auf dem Mond sind 100 g gleich 0,16 N. ☐
   c) Die Masse hängt nicht vom Ort ab. ☐
3. a) Viele Leute unterscheiden nicht zwischen Masse und Gewicht. ☐
   b) Das Gewicht eines Körpers ist unabhängig vom Ort. ☐
   c) Die Masse gibt an, aus wie viel Materie ein Körper besteht. ☐
4. a) Der Mond hat eine viel kleinere Masse als die Erde. ☐
   b) Ein Körper hat auf dem Mond eine kleinere Masse als auf der Erde. ☐
   c) Ein Körper hat auf dem Mond ein kleineres Gewicht als auf der Erde. ☐
5. a) Die Masse ist eine Eigenschaft des Gewichts. ☐
   b) Das Gewicht ist eine Eigenschaft der Masse. ☐
   c) Eine Eigenschaft der Masse ist die Trägheit. ☐
6. Alle Körper fallen nach unten, wenn man sie loslässt, …
   a) weil die Erde ein Magnetfeld hat. ☐
   b) weil sich Massen gegenseitig anziehen. ☐
   c) weil Massen ein Gewicht haben. ☐
7. Alle Gegenstände kommen auf der Erde irgendwann zur Ruhe,
   a) weil sie durch Reibung abgebremst werden. ☐
   b) weil sie träge sind. ☐
   c) weil sie andere Körper berühren oder gegen sie stoßen. ☐

3. Ergänzen Sie.

Gewicht, leicht, lustlos, masselos, ortsunabhängig, schwer, schwerelos, träge, träge

a) Im Weltall haben die Körper kein Gewicht, sie sind ____________________.

b) Photonen (Lichtteilchen) haben keine Masse, sie sind ____________________.

c) Ich habe keine Lust, etwas zu tun; ich bin ____________________.

d) Ich will im Bett liegen bleiben und mich nicht bewegen, ich bin ____________.

e) Die Tasche hat ein **großes** Gewicht, sie ist ______________.

f) Die Tasche hat ein **kleines** Gewicht, sie ist ______________.

g) Masse hat auf der Erde ein ______________. Außerdem ist Masse __________.

h) Die Masse hängt nicht vom Ort ab, sie ist ______________________.

18

Messung von Massen

Messung der Masse mit einer Balkenwaage

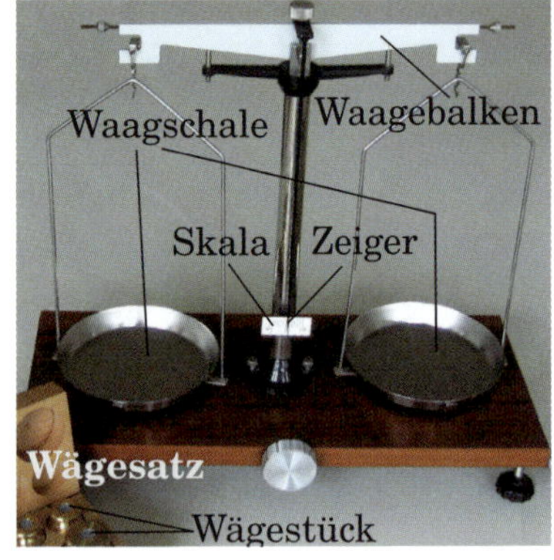

Mit einer **Balkenwaage** (rechts) kann man die Masse eines Körpers messen. Zu Beginn muss die Waage im Gleichgewicht sein. Man erkennt das daran, dass der Zeiger genau auf die Mitte der Skala zeigt. Man legt den Körper auf eine Waagschale. Auf die andere Waagschale legt man Wägestücke aus einem Wägesatz. Das sind mehrere Wägestücke, die zusammengehören. Man legt weitere hinzu, tauscht sie aus oder nimmt sie weg, bis die Balkenwaage wieder im Gleichgewicht ist. Danach addiert man die Massen der Wägestücke.

Mithilfe einer Balkenwaage **vergleicht** man das Gewicht einer unbekannten Masse mit dem Gewicht der Wägestücke. Die folgenden Definitionen sind die Grundlage für den Vergleich von Massen mit einer Balkenwaage.

- Zwei Massen sind **gleich**, wenn sie am selben Ort gleich schwer sind.
- Die Masse ist **additiv** (Man kann Massen zu einer Gesamtmasse addieren).
- Die **Einheit** der Masse ist 1 kg.

Das Formelzeichen für die Masse ist m.
1 g = 10^{-3} kg = 0,001 kg *Man liest: Ein Gramm gleich 10 hoch minus drei Kilogramm gleich null Komma null null eins Kilogramm*
1 mg = 10^{-3} g = 0,001 g; 1 µg = 10^{-6} g = 0,000001 g; 1 t = 1000 kg
mg: das **Milligramm** µg: das **Mikrogramm** t: die **Tonne**, -n

$10^6 = \underbrace{1000000}_{\text{6 Nullen}}$ $10^{-6} = \underbrace{0,000001}_{\text{6 Stellen}}$

Zehnerpotenzen

µ My
griechischer Kleinbuchstabe, Zeichen für *Mikro-*

Kalibrierung und Tarawägung

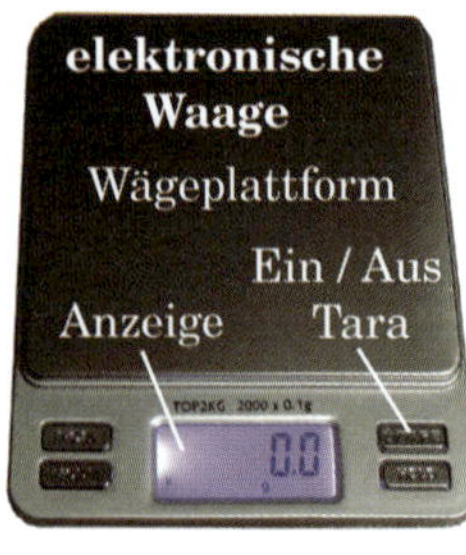

Waagen, die zwei Massen vergleichen, werden kaum noch benutzt, weil sie bei gleicher Genauigkeit viel teurer als elektronische Waagen sind. Elektronische Waagen messen die Gewichtskraft und rechnen das Ergebnis in Kilogramm um. An verschiedenen Orten der Erde gibt es jedoch kleine Unterschiede in der Gravitation. Für sehr genaue Messungen muss man die Waage nach einem Transport zu einem anderen Ort zuerst **kalibrieren**. Hierzu legt man ein Wägestück, das **genau** ein Kilogramm hat, auf die Wägeplattform und stellt fest, wie stark die Anzeige von einem Kilogramm abweicht. Diese Abweichung korrigiert man, man **justiert** die Waage.

Wenn man nur den Inhalt eines Behälters und nicht den Inhalt mit Behälter wägen will, muss man zuerst den leeren Behälter auf die Wägeplattform stellen und die **Tarataste** drücken. Danach wird nur die Masse des Inhalts angezeigt, die Masse des Behälters wird von der Gesamtmasse subtrahiert.

die **Waage**, -n
die **Balkenwaage**
die **Waagschale,** -n
das **Wägestück**, -e
der **Wägesatz**, ¨-e
additiv
kalibrieren
die Kalibrierung
justieren
die **Justierung**
wägen / die **Wägung**
die **Tarawägung**
die **Tarataste**, -n

Übungen

1. Lesen Sie vor. (*Beispiele:* 16,381 → sechzehn Komma **drei acht eins**;
1 t → ein**e** Tonne; 1,3 t → ein**s** Komma drei Tonne**n**); 1 kg → **ein** Kilogramm
1 **kt** → eine **Kilo**tonne; 1 **Mt** → eine **Mega**tonne; 1 **Gt** → eine **Giga**tonne)

a) 2,83 g b) 73,1 µg c) 7,3 t d) 1 mg
e) 10^3 mg f) 1 t g) 12,21 t h) 10^{-2} kg
i) $0{,}01 = 10^{-2}$ j) $2{,}3 \cdot 10^2$ k) 10^3 µg = 1 mg l) 1 g = 10^{-3} kg
m) 1 kg = 10^3 g n) 1,319 µg o) 5 t = $5 \cdot 10^3$ kg p) 10^{-1} kg = 10^2 g
q) 1 kt = 1000 t r) 1 Mt = 1000 kt s) 1 Gt = 1000 Mt t) 1 Gt = 10^9 t
u) $1{,}34 \cdot 10^{-3}$ t = 1,34 kg = $1{,}34 \cdot 10^3$ g = $1{,}34 \cdot 10^6$ mg = $1{,}34 \cdot 10^9$ µg
v) 5,31 Mt = $5{,}31 \cdot 10^{-3}$ Gt = $5{,}31 \cdot 10^3$ kt = $5{,}31 \cdot 10^6$ t
w) 1 Gt = 10^3 Mt = 10^6 kt = 10^9 t = 10^{12} kg = 10^{15} g = 10^{18} mg = 10^{21} µg

2. Das Wort „Satz“ hat viele Bedeutungen. Ordnen Sie zu.

1.	Bausatz	a)	$a^2 + b^2 = c^2$ im rechtwinkligen Dreieck
2.	Satz des Pythagoras	b)	alle Stifte, die man zum farbigen Malen braucht
3.	Nebensatz	c)	Er springt.
4.	Schrauben-satz	d)	Familienname, Vorname, Geburtsdatum, Geburtsort usw. im Computer
5.	Bodensatz	e)	im ersten Teil (Sport, Musik)
6.	Er macht einen Satz.	f)	Packung mit allen Teilen, die man braucht, wenn man etwas bauen will
7.	im ersten Satz	g)	feste Bestandteile einer Flüssigkeit, die sich auf dem Boden abgesetzt haben
8.	Kaffeesatz	h)	Das Verb steht an zweiter Stelle.
9.	ein Satz Buntstifte	i)	Schrauben von verschiedenen Größen in einer Packung
10.	Datensatz	j)	Reste des gemahlenen Kaffees, die in der leeren Kaffeekanne auf dem Boden bleiben
11.	Hauptsatz	k)	Das Verb steht am Ende.

3. Ein Wägesatz besteht aus folgenden Wägestücken:
0,1 g; 0,2 g; 0,2 g; 0,5 g; 1 g; 2 g; 2 g; 5 g; 10 g; 20 g; 20 g; 50 g; 100 g; 200 g; 200 g
a) Was ist die größte Masse, die man mit diesem Wägesatz messen kann?
b) Wir messen die Masse einer Kugel. Das Ergebnis ist 132,7 g.
Schreiben Sie die Wägestücke auf, die auf der anderen Waagschale liegen.

4. Beantworten Sie die Fragen.
a) Wie kalibriert man eine elektronische Waage?
b) Warum braucht man eine Balkenwaage nicht zu kalibrieren?
c) Was bedeutet Justierung?
d) Wozu dient die Tarataste?
e) Sie kaufen in einem Geschäft Käse. Die Verkäuferin legt zuerst Papier auf die Wägeplattform. Die Waage zeigt jetzt 4 g an. Was muss sie machen? Warum?

19 Die Dichte

Auf einer Waagschale der Balkenwaage liegt ein kleines Eisenstück. Auf der anderen Waagschale liegt ein großes Styroporstück. Die Waage ist im Gleichgewicht. Deshalb weiß man: Das Eisenstück und das Styroporstück haben die gleiche Masse. Das Eisenstück hat aber ein viel kleineres **Volumen** als das Styroporstück. Die Materie ist bei einem Eisenstück **dichter** im Raum verteilt als bei einem Styroporstück. Man sagt: Die **Dichte** von Eisen ist größer als die Dichte von Styropor.

Bestimmung der Dichte von Acrylglas und Eisen

Versuch 1: Wir messen die Masse eines zylinderförmigen Acrylglasstabs und eines zylinderförmigen Eisenstabs. Danach messen wir ihre Längen und ihre Durchmesser.

Wir schreiben die Ergebnisse in eine Tabelle.

	Masse	Durchmesser	Länge
Acrylglasstab	23,9 g	1,0 cm	24,8 cm
Eisenstab	14,9 g	0,7 cm	5,01 cm

der **Zylinder**, -
zylinderförmig
d: der **Durchmesser**, -
l: die **Länge**, -n / die **Höhe**, -n
V: das **Volumen**, -

$$V = \frac{\pi}{4} \cdot d^2 \cdot l$$

Mithilfe der Formel für das Volumen eines Zylinders kann man nun das Volumen des Acrylglasstabs V_{Acryl} und des Eisenstabs V_{Fe} berechnen:

$V_{Acryl} = 19{,}48\ cm^3$; $V_{Fe} = 1{,}928\ cm^3$

Jetzt berechnen wir, welche Masse pro Kubikzentimeter Acrylglas und welche Masse pro Kubikzentimeter Eisen hat. Diesen Quotienten nennt man **Dichte**. Das Formelzeichen für die Dichte ist ρ.

ρ Rho
π Pi
griechische Kleinbuchstaben

$$\rho_{Acryl} = \frac{23{,}9\ g}{19{,}48\ cm^3} = 1{,}2\ \frac{g}{cm^3} \qquad \rho_{Fe} = \frac{14{,}9\ g}{1{,}928\ cm^3} = 7{,}7\ \frac{g}{cm^3}$$

Die Dichte eines Stoffs ist der Quotient aus der Masse m und dem Volumen V eines Körpers, der ganz aus diesem Stoff besteht.	$\rho = \frac{m}{V}$

Bestimmung der Dichte eines Steins

Versuch 2: Wir messen zuerst die Masse und dann das Volumen eines Steins. Um das Volumen zu messen, schütten wir Wasser in einen Messbecher. Wir lesen das Wasservolumen ab. Dann legen wir den Stein in den Messbecher. Wir lesen das gemeinsame Volumen von Stein und Wasser ab.

Wir erhalten:

$1\ ml = 1\ cm^3$
ml bedeutet Milliliter

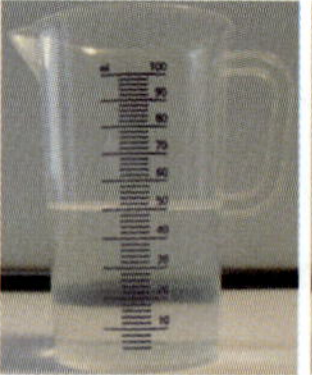

Masse des Steins: 37,5 g
Wasservolumen: 50 cm³
Volumen von Stein und Wasser: 62 cm³

Hieraus berechnen wir das Volumen des Steins: 62 cm³ – 50 cm³ = 12 cm³.
Die Dichte des Steins ist:

$$\rho = \frac{37{,}5\ g}{12\ cm^3} = 3{,}1 \frac{g}{cm^3}$$

die **Dichte**, -n	das **Acrylglas**
bestimmen	die **Bestimmung**
berechnen	die **Berechnung**
der **Messbecher**, -	das **Styropor**

Übungen

1. Suchen Sie die Wörter im Text. Nennen Sie bei Nomen den Artikel.

a)	Waage, die einen horizontalen Balken hat	
b)	Stück aus Styropor	
c)	Stab aus Acrylglas	
d)	hat die Form eines Zylinders	
e)	Becher zum Messen des Volumens	
f)	das Volumen von Wasser	
g)	die Breite (Dicke) eines Zylinders	

2. Lesen Sie vor. (*Beispiele:* 1 m³ → ein Kubikmeter / 1,52 m² → eins Komma fünf zwei Quadratmeter / 1,3 mg → eins Komma drei Milligramm / 5,2 cl → fünf Komma zwei Zentiliter / 8,19 t → acht Komma eins neun Tonnen)

a) 1 mm b) 2,1 cm c) 1,5 mN d) 12,12 l e) 1,11 cl
f) 5,3 ml g) 11,1 cm² h) 5,9 mm² i) 20 m² j) 1,3 m³
k) 1 mm³ l) 15,3 g m) 7 kg n) 5 km o) 1,5 km³
p) 100 km² q) 17 cm r) 19 cN s) 9,1 cm³ t) 5 kN
u) 0,001 l = 1 ml = 1 cm³ v) 1 t = 1000 kg = 1 000 000 g
w) 1 cm³ = 1000 mm³ x) 1,5 m³ = 1500 l = 1 500 000 ml

3. Man misst Masse und Volumen verschiedener Körper. Berechnen Sie die Dichten der Stoffe. Runden Sie das Ergebnis auf eine Stelle hinter dem Komma. (*runden:* 2,34 → 2,3; 1,45 → 1,5; 1,86 → 1,9)

			Masse	Volumen	Dichte
a)	Kupfer	Cu	65,4 g	7,3 cm³	
b)	Blei	Pb	38,6 g	3,4 cm³	
c)	Aluminium	Al	25,4 g	9,4 cm³	
d)	Silber	Ag	45,1 g	4,3 cm³	

4. Wir berechnen die Dichte eines 1-€-Stücks. Lesen Sie die Rechnung vor.
Durchmesser d = 23,25 mm; Dicke l = 2,33 mm; Masse m = 7,50 g

$$V = \frac{\pi}{4} d^2 \cdot l = \frac{\pi}{4} \cdot 23{,}25^2 \cdot 2{,}33 \text{ mm}^3 = 989{,}2 \text{ mm}^3 = 0{,}9892 \text{ cm}^3$$

$$\rho = \frac{m}{V} = \frac{7{,}50 \text{ g}}{0{,}9892 \text{ cm}^3} = 7{,}58 \frac{\text{g}}{\text{cm}^3}$$

V gleich pi viertel d Quadrat mal l gleich ...

5. Berechnen Sie das Volumen von Geldstücken in mm³ und in cm³.

		Durchmesser	Dicke	Volumen in mm³	Volumen in cm³
a)	5-Cent-Stück	21,25 mm	1,67 mm		
b)	50-Cent-Stück	24,25 mm	2,38 mm		
c)	2-€-Stück	25,75 mm	2,20 mm		

Verben zu *Versuch* und *Messung*

der Versuch, -e / das **Experiment**, -e
experimentell
Das Gesetz wurde experimentell (durch Experimente) bestätigt.
einen Versuch / ein Experiment machen
einen Versuch / ein Experiment durchführen
Die Schülerin führt einen Versuch durch, um festzustellen, welche Stoffe von Magneten angezogen werden.
die **Versuchsdurchführung /** die **Durchführung** des Versuchs
die **Versuchsbeschreibung** (Text mit allen wichtigen Schritten des Versuchs)
eine Versuchsbeschreibung anfertigen / den Versuch **beschreiben**
die Versuchsauswertung (alle Rechnungen und Überlegungen, die von den Messwerten zum Versuchsergebnis führen)
einen Versuch **auswerten** (wertet … aus)
ein **Versuchsprotokoll** anfertigen (Versuchsbeschreibung, Messwerte, Auswertung, Versuchsergebnis aufschreiben)

durchführen (führt … durch) = machen
Wir **führen** einen Versuch / ein Experiment **durch**.
Man **führt** eine Messung / eine Rechnung / eine Berechnung **durch**.
Es **wird** eine Umfrage / ein Studie / ein Interview / eine Analyse **durchgeführt**.

anfertigen (fertigt … an) = machen
Zu dem Versuch **fertigen** wir eine Versuchsbeschreibung **an**.
Man **fertigt** eine Zeichnung / eine Skizze / ein Protokoll / eine Tabelle / einen Bericht / eine Übersetzung / Kopien **an**.

machen Wir **machen** heute im Unterricht zwei Experimente.
Man **macht** Beobachtungen / Fotos / eine Mitteilung / Angaben.
Das **macht** Mühe. (Das ist anstrengend.)
Wer **macht** den Anfang? (Wer fängt an?)
Wir **machen** uns auf die Suche nach etwas. (Wir fangen an, etwas zu suchen.)
Wir **machen** uns an die Arbeit. (Wir fangen an zu arbeiten.)

messen (misst, gemessen)
messbar (kann gemessen werden)
die **Messung**, -en / eine Messung durchführen
der **Messwert**, -e / das **Messergebnis**, -se
einen Messwert **ablesen** (liest … ab, hat abgelesen) / die **Ablesung**
Auf der Skala des Messbechers lesen wir das Wasservolumen ab.
das **Messgerät**, -e / die **Messtabelle**, -n (Tabelle mit Messwerten)

bestimmen (messen, berechnen, messen und berechnen)
Mit einer Waage bestimmen wir die Masse (messen).
Wir haben zwei Gleichungen mit zwei Unbekannten. Wir bestimmen nun die Lösung (berechnen).
Mit einem Messbecher bestimmen wir das Volumen (messen und berechnen).

Übungen

1. Ergänzen Sie die Tabelle (Nomen – Verb – Adjektiv).

	Nomen	Verb	Adjektiv	Bedeutung des Adjektivs
a)		kein passendes Verb		durch Experimente
b)			durchführbar	kann durchgeführt werden
c)		auswerten		
d)	die Ablesung			
e)		messen		
f)			berechenbar	

2. Setzen Sie ein.

a) Wir wollen die Dichte eines Steins b__________. Hierzu f_________ wir Messungen ______. Eine Waage und ein Messbecher sind unsere ________________. Zuerst legen wir den Stein auf die Waage und l_________ seine Masse ____. Wir haben den M______________ für die Masse erhalten.

b) Danach schütten wir Wasser in den Messbecher und ___________ das Wasservolumen ____. Wir legen dann den Stein in den _____________. Der Stein muss ganz mit Wasser bedeckt sein. Wir _________ jetzt das gemeinsame Volumen von Stein und Wasser ____. Aus diesen beiden ________________ berechnen wir das Volumen des Steins: Das Volumen ist die Differenz.

c) Am Ende dividieren wir den ___________ der Masse durch den ____________ des Volumens. Das Ergebnis ist die Dichte.

d) Zu jedem Versuch muss man eine Versuchsbeschreibung _______________.

e) In der Physik zeigt man Gesetze __________________.

f) Die __________________ Bestätigung der Vermutung ist sehr schwierig.

g) Man darf die M_____________ nicht durcheinander aufschreiben. Es ist besser, wenn man eine Messtabelle __________________.

h) In der Astronomie kann man keine Experimente _______________. Man erhält die Ergebnisse, indem man Beobachtungen mit Teleskopen __________.

3. Welches Verb passt? *Durchführen*, *anfertigen* oder *machen*?
Wenn es mehrere Möglichkeiten gibt, nehmen Sie **nicht *machen***.

a)	eine Umfrage		f)	jemandem Hoffnung	
b)	eine Skizze		g)	ein Interview	
c)	sich Sorgen		h)	eine Zeichnung	
d)	eine Studie		i)	sich an die Arbeit	
e)	einen Versuch		j)	eine Messtabelle	

21 Versuchsbeschreibungen

Wie geht man vor, wenn man selbst einen Versuch beschreiben muss? Als Beispiel beschreiben wir, wie man das Volumen eines Steins misst. Die Schritte sind:

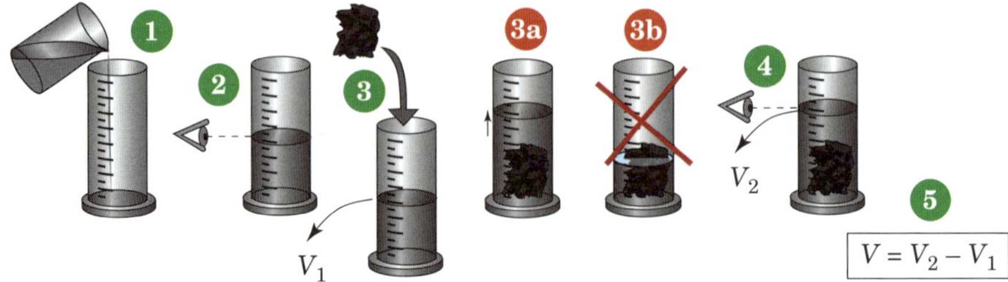

Machen Sie sich die **Versuchsschritte** klar. Notieren Sie **Stichworte**.

1. Wasser in Messzylinder / 2. Volumen ablesen / 3. Stein hinein / 4. Volumen ablesen / 5. Differenz berechnen

Schreiben Sie zu jedem Schritt des Versuchs einen Satz. Formulieren Sie einfache Hauptsätze. Verwenden Sie die unpersönliche Ausdrucksweise mit „man" oder im Passiv.

1. *Man schüttet Wasser in einen Messzylinder.*
2. *Man liest das Wasservolumen V_1 ab.*
3. *Man legt den Stein in den Messzylinder.*
4. *Man liest das Volumen V_2 von Stein und Wasser ab.*
5. *Man berechnet die Differenz aus V_2 und V_1.*

Man beobachtet: 3a *Der Wasserspiegel steigt.*

Man muss aufpassen: 3b *Der Stein muss ganz mit Wasser bedeckt sein.*

3a und 3b sind nicht unbedingt erforderlich, aber für den Leser der Versuchsbeschreibung ist dann klar, was passiert und worauf man achten muss.

Machen Sie danach aus den einzelnen Sätzen einen **Text**. Verwenden Sie Wörter wie ***zuerst***, ***dann***, ***danach***, ***und***, ***nun*** …

Zuerst schüttet man Wasser in einen Messzylinder und liest das Wasservolumen V_1 ab. Dann legt man den Stein in den Messzylinder. Der Wasserspiegel steigt. Man muss darauf achten, dass der Stein ganz mit Wasser bedeckt ist. Man liest nun das gemeinsame Volumen V_2 von Stein und Wasser ab. Die Differenz $V_2 - V_1$ ist das Volumen des Steins.

Voraussetzungen berücksichtigen

Nicht immer muss man alle Schritte aufschreiben. Manchmal setzt man voraus, dass einige Teilschritte allen Lesern der Beschreibung klar sind.

Man misst zuerst die Masse des Steins mit einer elektronischen Waage und danach mit Messzylinder und Wasser sein Volumen. Die Dichte erhält man, indem man die Masse durch das Volumen dividiert.

Messung der Masse und Bestimmung des Volumens werden hier vorausgesetzt. Wichtig ist die **Reihenfolge**: Man muss die Masse des **trockenen** Steins messen!

Zeichnungen ersetzen häufig viele Worte

Manchmal ist es sinnvoll, eine **Zeichnung** anzufertigen. Man braucht dann viel weniger Text zu schreiben. Bei elektrischen Schaltungen zeichnet man **Schaltskizzen** (ab Seite 58) und schreibt nur auf, was man macht bzw. misst.

Übungen

1. Formulieren Sie die Versuchsbeschreibungen von Seite 46 im Passiv (untere Hälfte der Seite).

Zuerst wird Wasser in einen Messzylinder geschüttet und

2. Ordnen Sie Wörter und Erklärungen zu.

1.	Teilschritt	a)	Oberfläche des Wassers
2.	Ausdrucksweise	b)	Wörter, die man aufschreibt, damit man etwas bei einem Text oder Vortrag nicht vergisst
3.	Wasservolumen	c)	Ordnung, was nacheinander kommt
4.	Wasserspiegel	d)	Messbecher in Form eines Zylinders
5.	Messzylinder	e)	Ein Arbeitsschritt besteht aus mehreren …en.
6.	Reihenfolge	f)	Art, wie man etwas sagt
7.	Stichworte	g)	Platz, den das Wasser braucht

3. Sie wollen die Masse von Wasser messen. Sie verwenden eine elektronische Waage (S. 42). Fertigen Sie mithilfe der folgenden Stichpunkte eine Versuchsbeschreibung an.

einschalten, zeigt 0 an, Becher auf Wägeplattform, Tara-Taste, Becher herunter, Wasser hinein, auf Wägeplattform, ablesen

4. Der erste Abschnitt auf Seite 40 enthält die Beschreibung, wie man die Masse eines Körpers mit der Balkenwaage misst. Zwei Sätze gehören nicht in eine Versuchsbeschreibung. Welche?

5. Beschreiben Sie, wie man das Volumen eines Eisenzylinders messen kann.

22 Die elektrische Ladung

Reibungselektrizität

Versuch 1: Wir hängen einen Acrylglasstab an einem Faden auf. Wir nähern ihm nacheinander einen anderen Acrylglasstab und einen PVC-Stab.

Ergebnis: Es passiert nichts.

Versuch 2: Wir reiben eine Seite des Acrylglasstabs mit einem Tuch und hängen ihn wieder an dem Faden auf. Danach reiben wird den zweiten Acrylglasstab mit dem Tuch und nähern die geriebene Seite des zweiten Stabs der geriebenen Seite des hängenden Stabs.

Ergebnis: Die beiden geriebenen Seiten stoßen sich gegenseitig ab.

Versuch 3: Wir reiben nun auch den PVC-Stab und nähern seine geriebene Seite der geriebenen Seite des hängenden Acrylglasstabs.

Ergebnis: Die beiden Stäbe ziehen sich an.

Beim Reiben ist etwas auf die Oberfläche des Stabs gekommen. Man nennt dies **elektrische Ladung**. Zwischen den elektrischen Ladungen gibt es Anziehung und Abstoßung. Es gibt zwei Sorten elektrischer Ladung. Man nennt sie **positiv** (+) und **negativ** (–). Da wir die beiden Acrylglasstäbe mit dem gleichen Tuch gerieben haben, nehmen wir an, dass die gleiche Ladungssorte auf die Acrylglasstäbe gekommen ist. Die Ladungen auf den beiden Acrylglasstäben sind **gleichnamig**, die Ladungen auf Acrylglasstab und PVC-Stab sind **ungleichnamig**. Die Versuche zeigen:

> Gleichnamige elektrische Ladungen stoßen sich ab, ungleichnamige elektrische Ladungen ziehen sich an.

Andere Versuche zeigen: Die Ladung, die auf den Acrylstab gekommen ist, ist positiv. Die Ladung, die auf den PVC-Stab gekommen ist, ist negativ.

die **Ladung**
negativ – positiv
elektrisch geladen sein
die **Elektrizität**
das **Atom**, -e
der **Kern**, -e
der **Atomkern**
die **Hülle**, -n
das **Elektron**, -en
das **Proton**, -en
das **Neutron**, -en
Elementarladung
trennen
aufnehmen
abgeben

Erklärung

Jeder Körper ist aus Teilchen aufgebaut. Diese Teilchen heißen **Atome**. Atome haben einen **Kern** und eine **Hülle**. Die Hülle besteht aus **Elektronen**, der Kern aus **Protonen** und **Neutronen**. Elektronen haben eine negative Ladung, Protonen sind positiv, Neutronen haben keine Ladung. Der Betrag der Ladung eines Elektrons ist gleich dem Betrag der Ladung eines Protons. Man nennt den Betrag der Ladung eines Protons bzw. Elektrons **Elementarladung**. In einem neutralen Atom ist die Zahl der Elektronen in der Hülle gleich der Zahl der Protonen im Kern.

Élektron, Elektrónen
Próton, Protónen
Néutron, Neutrónen

Wenn sich zwei verschiedene Körper (Stab und Tuch) intensiv berühren, gibt ein Körper Elektronen an den anderen Körper ab oder nimmt Elektronen vom anderen Körper auf. Der Körper, der Elektronen aufgenommen hat, hat jetzt mehr Elektronen als Protonen, seine elektrische Ladung ist negativ. Ein Körper, der Elektronen abgegeben hat, hat jetzt weniger Elektronen als Protonen, seine elektrische Ladung ist positiv. Durch die Reibung **entsteht keine Ladung**, positive und negative Ladung werden nur voneinander **getrennt**.

Übungen

1. Was ist richtig R, was ist falsch F? Kreuzen Sie an.

		R	F
a)	Es gibt positive und negative Ladungen.		
b)	Zwei positive Ladungen ziehen sich an.		
c)	Zwei negative Ladungen stoßen sich ab.		
d)	Zwei positive Ladungen sind gleichnamig.		
e)	Ein Acrylglasstab wird positiv, wenn man ihn reibt.		
f)	Ein Atom hat einen Kern und Protonen.		
g)	In einem Atomkern sind Neutronen und Elektronen.		
h)	Elektronen sind negativ.		
i)	Protonen sind neutral.		
j)	Neutronen sind positiv.		
k)	Die Ladung eines Protons heißt Elementarladung.		
l)	Ein positiv geladener Körper hat mehr Elektronen als Protonen.		
m)	Ein negativ geladener Körper hat Protonen abgegeben.		
n)	Ein negativ geladener Körper hat mehr Elektronen als Protonen.		
o)	Man reibt einen Stab mit einem Tuch: Es entstehen Elektronen.		
p)	Das Magnetfeld bewirkt die Abstoßung gleichnamiger Ladungen.		

2. Ergänzen Sie.

a) Der Kern eines Atoms enthält ______________ und ______________. Die Zahl der ______________ in der Hülle ist gleich der Zahl der ______________ im Kern.

b) Ein Elektron ist ______________, ein Proton ist ______________, ein Neutron hat keine ______________.

c) Die Ladung eines Elektrons und die Ladung eines Protons haben den gleichen ____________. Man nennt ihn ______________________________.

d) Gleichnamige Ladungen ______________ sich ____, ungleichnamige Ladungen ______________ sich _____.

3. Beantworten Sie die Fragen. Begründen Sie Ihre Antwort.

a) Wenn man einen Acrylglasstab mit einem Tuch reibt, wird er positiv. Was geschieht mit den Elektronen, die der Stab abgibt?

b) Hat die Abstoßung zweier Acrylglasstäbe etwas mit Magnetismus zu tun?

c) Der Kern eines Phosphor-Atoms hat 15 Protonen. Wie viele Elektronen hat das Phosphor-Atom, wenn es neutral ist?

d) Die Ladung eines Protons ist $1{,}6 \cdot 10^{-19}$ C. Welche Ladung hat ein Elektron?

e) Ein neutrales Lithium-Atom hat 7 Nukleonen (Protonen und Neutronen sind Nukleonen*) und 3 Elektronen. Wie viele Protonen und wie viele Neutronen hat das Lithium Atom?

*das **Núkleon**, Nukleónen

23

Partizip I und Partizip II

Partizip I (eins):	der **hängende** Stab
	Bedeutung: der Stab, der hängt (*Aktiv*)
Partizip II (zwei):	die **geriebene** Seite
	Bedeutung: die Seite, die gerieben worden ist (*Passiv*)
	die Seite, die man gerieben hat
	Verben, die das Perfekt mit „sein" bilden:
	der **geflossene** Strom
	Bedeutung: der Strom, der geflossen ist (*Aktiv*)
	Vergangenheit von: der fließende Strom

Bildung Partizip I: Infinitiv + **d**			
hängen – hängen**d**			
reiben – reiben**d**		*einzige Ausnahme:* sein – sei**en**d	

Der Acrylglasstab **ist** positiv **geladen**. Der PVC-Stab **ist** negativ **geladen**.
geladen sein = Ladung haben

Der positiv **geladene** Acrylglasstab zieht den negativ **geladenen** PVC-Stab an.

Artikel und Nomen bilden eine **Klammer** um das Partizip. Man verwendet das Partizip wie ein Adjektiv.

der Acrylglasstab, der geladen ist

Manchmal kommen zum Partizip noch Wörter hinzu:

*der Acrylglasstab, der **positiv** geladen ist (der eine positive Ladung hat)*

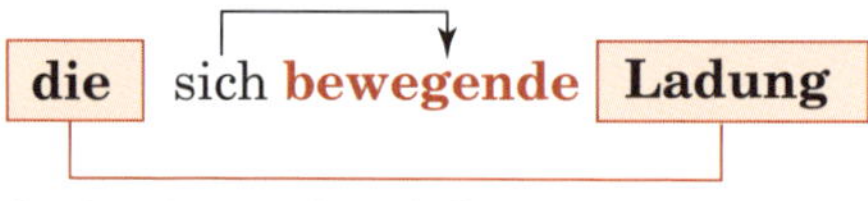

*die Ladung, die **sich** bewegt*

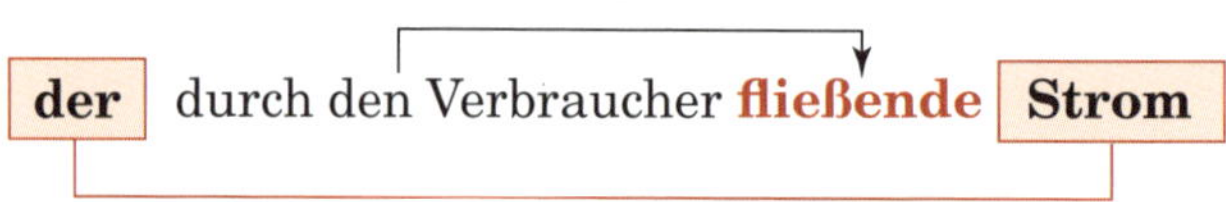

*der Strom, der **durch den Verbraucher** fließt*

Weitere Beispiele:

der **durchgeführte** Versuch	der Versuch, der durchgeführt worden ist
die **wirkende** Kraft	die Kraft, die wirkt
die **ausgeübte** Kraft	die Kraft, die ausgeübt worden ist
die **vergangene** Woche	die Woche, die vergangen ist

Übungen

1. Ergänzen Sie die Tabelle.

	Infinitiv	Partizip I	Partizip II
a)		messend	
b)	entladen		
c)			angeschlossen
d)		schließend	
e)	verbinden		
f)		ladend	
g)			geflossen
h)	abfließen		
i)		reibend	

2. Formulieren Sie mit Partizip I oder Partizip II.

a) der PVC-Stab, der geladen ist der geladene PVC-Stab
b) die Masse, die gemessen worden ist ______
c) die Kugel, die fällt ______
d) der Acrylglasstab, der ungeladen ist ______
e) der Strom, der fließt ______
f) der Strom, der geflossen ist ______
g) die Schaltung, die gezeichnet worden ist ______

3. Unterstreichen Sie das Partizip rot, Artikel und Nomen blau. Formulieren Sie danach mit einem Relativsatz.

a) Wir messen den durch den Verbraucher fließenden Strom.
→ Wir messen den Strom, der durch den Verbraucher fließt.
b) Der durch den Verbraucher geflossene Strom ist sehr groß.
→ ______
c) Wir nähern dem am Faden hängenden PVC-Stab einen anderen PVC-Stab.
→ ______
d) Der positiv geladene Acrylglasstab zieht den negativ geladenen PVC Stab an.
→ ______
e) Wir dividieren die gemessene Masse durch das berechnete Volumen.
→ ______
f) Der in das Wasser gelegte Stein muss ganz mit Wasser bedeckt sein.
→ ______
g) Die sich abstoßenden Magnetpole sind gleichnamig.
→ ______
h) Ein sich bewegender Körper wird nicht schneller ohne eine auf ihn wirkende Kraft.
→ ______

24 Leiter und Isolatoren; Elektroskop

Leiter und Isolatoren

Wir reiben einen Acrylglasstab mit einem Tuch. Die Oberfläche des Stabs wird positiv geladen. Wir halten den Stab mit der Hand. Die Ladung bleiben auf dem Stab und bewegt sich nicht zur Hand. Warum nicht?

Man kann die meisten Stoffe in **Leiter** und **Isolatoren** (Nichtleiter) unterteilen. In einem Leiter kann sich die Ladung frei bewegen. In einem Isolator kann sie ihren Ort nicht verlassen. Acrylglas und PVC sind Isolatoren. Wenn man eine Ladung an eine Stelle des Acrylglases gebracht hat, bleibt die Ladung dort. Sie kann sich nicht zu anderen Stellen bewegen. Sie kann diese Stelle nur verlassen, wenn ein anderer Körper genau diese Stelle berührt.

Metalle sind Leiter. Wenn man Ladung auf einen Metallkörper bringt, verteilt sie sich über den ganzen Körper. Wenn er nur von Isolatoren umgeben ist, kann die Ladung ihn nicht verlassen. Trockene Luft gehört zu den Isolatoren.

Das Elektroskop

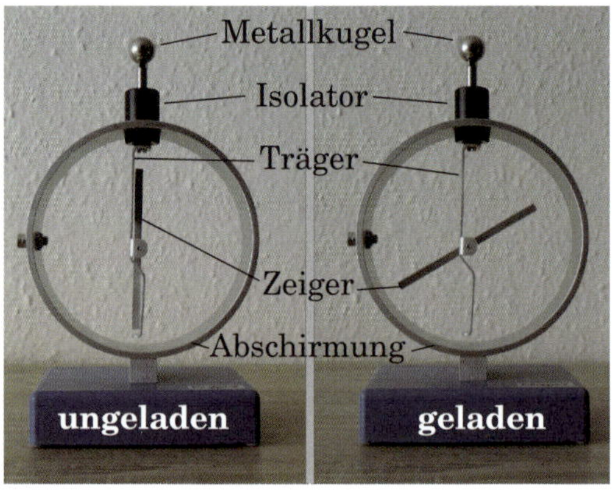

Mit einem **Elektroskop** (Abb. rechts) kann man Ladungen nachweisen. Die **Metallkugel** ist durch einen Metallstab im Inneren des **Isolators** mit dem **Träger** verbunden. Der Metallstab ist vollständig vom Isolator umgeben, sodass die **Abschirmung** den Metallstab nicht berührt. Träger und **Zeiger** sind aus Metall und durch eine Metallachse miteinander verbunden. Die Abschirmung verhindert, dass ein geladener Körper, der neben dem Elektroskop liegt, den Zeigerausschlag beeinflusst.

Versuch: Man streift einen geriebenen Acrylglasstab an der Metallkugel ab.

Die positive Ladung, die auf dem Acrylglasstab ist, verteilt sich auf Metallkugel, Träger und Zeiger. Träger und Zeiger sind gleichnamig geladen, sie stoßen sich ab: Der Zeiger schlägt aus.

Nur vollkommen trockene Luft ist ein Isolator. Bei geringer Luftfeuchtigkeit bleibt der Zeigerausschlag lange erhalten, bei hoher Luftfeuchtigkeit geht er innerhalb von wenigen Minuten zurück. Wenn eine Person die Metallkugel eines geladenen Elektroskops mit der Hand berührt, geht der Zeigerausschlag sofort zurück. Die Ladung fließt von der Metallkugel in die Hand, verteilt sich über die ganze Person und fließt zur Erde ab. Das Elektroskop wird **entladen**.

die **Oberfläche**, -n
der (elektrische) **Leiter**, -
der **Nichtleiter**, -
der **Isolátor**, Isolatóren
das **Elektroskop**, -e
die **Kugel**, -n
das **Metall**, -e
die **Metallkugel**, -n
der **Träger**, -
der **Zeiger**, -
abschirmen (schirmt … ab)
die **Abschirmung**
geladen – **ungeladen**
entladen (entlädt)
feucht – die **Feuchtigkeit**
die **Luftfeuchtigkeit**

Übungen

1. **Unterstreichen Sie Partizip I und Partizip II im gesamten Text.** (10 Stellen). Geben Sie die Zeilen an. Was bedeuten diese Stellen?

2. **Suchen Sie Antonyme auf Seite 52.**

geladen		gering	
der Isolator		negative Ladung	
feucht		der Nichtleiter	

3. **Suchen Sie Nomen zu den Verben.**

laden		abschirmen	
leiten		isolieren	
tragen		ausschlagen	
zeigen		nicht leiten	

4. **Bilden Sie Komposita. Nennen Sie bei Nomen den Artikel.**

a)	der Stab aus Acrylglas	
b)	der Stoff, der nicht leitet	
c)	der Körper, der aus Metall besteht	
d)	die Kugel aus Metall	
e)	der Ausschlag eines Zeigers	
f)	gleiches Vorzeichen	
g)	ungleiches Vorzeichen	
h)	die Feuchtigkeit der Luft	
i)	Stab aus Metall	
j)	gesamte äußere Fläche eines Körpers	

5. **Ergänzen Sie die Passivsätze. Bilden Sie daraus Aktivsätze.**

a) Ein Acrylglasstab _______ mit einem Tuch _________________. (reiben)

____

b) Der Stab ________ mit der Hand _______________. (berühren)

____

c) Stoffe _________ in Leiter und Nichtleiter ________________. (unterteilen)

____

d) Ladungen ________ mit einem Elektroskop __________________. (nachweisen)

____

e) Ein geriebener Acrylglasstab ________ an der Metallkugel ________________. (abstreifen)

____

25 Elektrisches Feld und elektrische Feldstärke

Das elektrische Feld

Magnete haben in ihrer Umgebung ein magnetisches Feld. Geladene Körper sind von einem **elektrischen Feld** umgeben. In diesem Feld erfährt jede Ladung eine Kraft. Man kann das elektrische Feld untersuchen, indem man eine sehr kleine Ladung, eine **Probeladung**, ins Feld bringt. Die **Feldlinien** eines elektrischen Felds geben für jeden Punkt des Raums die Richtung der Kraft an, die auf eine positive Probeladung wirkt. Die Feldlinien zeigen von einer positiven Ladung weg und in Richtung einer negativen Ladung.

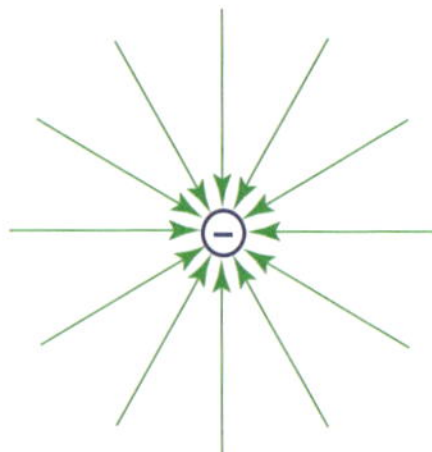

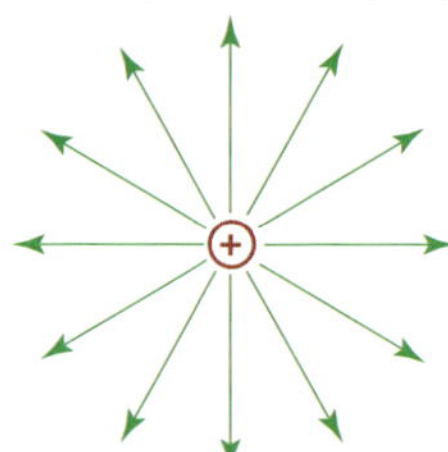

Influenz

Versuch: Auf einem Elektroskop ist eine Metallplatte. Wir nähern dieser Metallplatte einen geriebenen Acrylglasstab, ohne dass er sie berührt.

Das Elektroskop schlägt aus. Wenn wir den Acrylglasstab wegnehmen, geht der Zeigerausschlag sofort wieder zurück. Es ist also keine Ladung vom Stab auf das Elektroskop gekommen.

Das elektrische Feld des positiv geladenen Acrylglasstabs **trennt** Ladungen im Elektroskop. Negative Ladungen fließen in Richtung Acrylglasstab nach oben zur Platte. Träger und Zeiger werden dadurch positiv, der Träger stößt den Zeiger ab, der Zeiger schlägt aus. Wenn man den Acrylglasstab wegnimmt, ist das elektrische Feld nicht mehr da. Die getrennten Ladungen **neutralisieren** sich und der Zeigerausschlag geht zurück.

Ein elektrisches Feld trennt in einem neutralen Leiter positive und negative Ladungen. Diese Ladungstrennung heißt **Influenz**.

Ladung und elektrische Feldstärke

Das Formelzeichen für die **elektrische Ladung** ist q oder Q. Die Einheit der elektrischen Ladung ist 1 C (ein Coulomb). Die Elementarladung beträgt $1{,}6 \cdot 10^{-19}$ C.

Die **elektrische Feldstärke** gibt an, wie stark ein elektrisches Feld in einem Punkt P ist und welche Richtung die Feldlinie in diesem Punkt P hat. Die elektrische Feldstärke hat einen Betrag und eine Richtung, sie ist eine Vektorgröße. Sie ist im Allgemeinen an verschiedenen Stellen des Raums unterschiedlich. Eine positive Probeladung erfährt eine Kraft in Richtung der elektrischen Feldstärke, eine negative Probeladung entgegengesetzt zur Feldstärkenrichtung. Aus dem Wert der Probeladung und der Kraft, die die Probeladung an der Stelle P im Feld erfährt, kann man die elektrische Feldstärke im Punkt P berechnen.

umgében (umgibt), hat umgeben
untersúchen (untersucht)
die **Probeladung**
die **Influenz**
trennen – die **Trennung**
sich **neutralisieren** (aufheben)
die elektrische **Feldstärke**, -n

Übungen

1. Setzen Sie ein.

ausgeübt, Feldlinien, gebracht, gerichtet, neutralisieren, umgeben, umgibt, untersucht, von, weg, wirkt

Magnete sind von einem magnetischen Feld __________. Ein elektrisches Feld __________ elektrisch geladene Körper. In einem elektrischen Feld __________ auf jede Ladung eine Kraft. Ein elektrisches Feld wird __________, indem eine Probeladung ins Feld __________ wird. Die elektrischen __________ geben für jeden Punkt des Raums die Richtung der Kraft an, die vom Feld auf eine positive Probeladung __________ wird. Die Feldlinien sind von positiver zu negativer Ladung __________. Sie zeigen ______ einer positiven Ladung ______. Positive und negative Ladungen __________ sich, wenn man sie zusammenbringt.

2. Geben Sie ohne Zehnerpotenz an. Lesen Sie vor.

$10^6 = \underbrace{1000000}_{\text{6 Nullen}}$

$10^{-6} = \underbrace{0,000001}_{\text{6 Stellen}}$

a) $21,3 \cdot 10^{-3} =$ 0,0213 b) $0,051 \cdot 10^3 =$

c) $500000 \cdot 10^{-8} =$ d) $0,0008 \cdot 10^{10} =$

3. Vor dem Komma soll eine Ziffer stehen, die nicht Null ist. Benutzen Sie Zehnerpotenzen. Lesen Sie vor.

a) $350 =$ $3,5 \cdot 10^2$ b) $0,00047 =$

c) $0,00000017 =$ d) 92 Millionen =

e) 329 Milliarden = f) $0,0000029 =$

4. Ordnen Sie zu.

1.	Ladung, die nur dazu dient, ein elektrisches Feld nachzuweisen	a)	Feldstärke
2.	Einheit der elektrischen Ladung	b)	Influenz
3.	Gerät, mit dem man Ladungen nachweisen kann	c)	Feldlinien
4.	Vektorgröße, die die Stärke eines Felds angibt	d)	Probeladung
5.	gedachte Linien im Raum, die die Kraftrichtung anzeigen	e)	Elementar-ladung
6.	Ladungstrennung in einem Leiter unter dem Einfluss eines elektrischen Feldes	f)	ein Coulomb
7.	Betrag der Ladung eines Protons oder Elektrons	g)	Elektroskop

5. Zeichnen Sie in die rechte Abbildung den Pfeil für die elektrische Feldstärke am Ort der Probeladung und den Kraftpfeil ein.

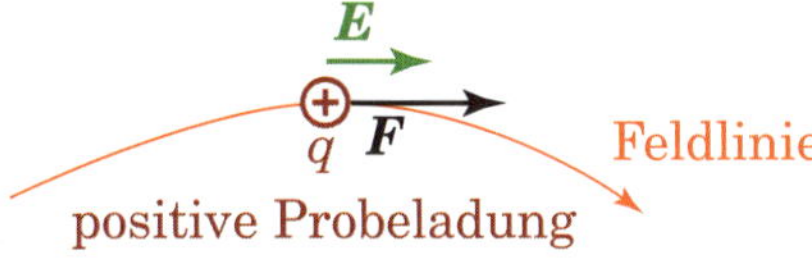

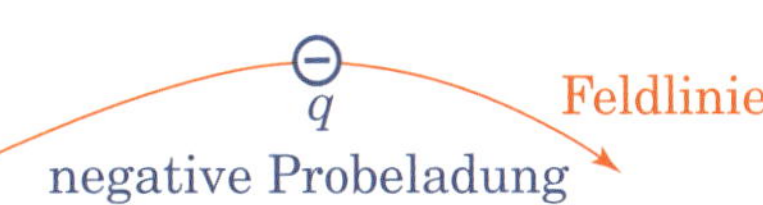

Ladung und Strom

Die Glimmlampe

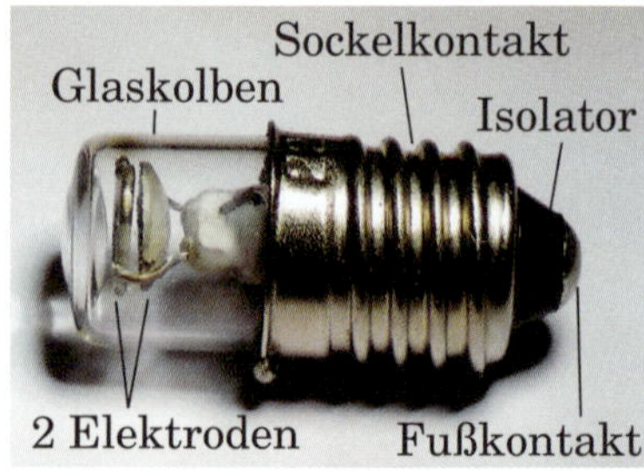

Im folgenden Versuch verwenden wir eine **Glimmlampe**. Im Inneren eines **Glaskolbens** ist das Edelgas Neon unter niedrigem Druck. Eine **Elektrode** ist mit dem **Fußkontakt**, die andere mit dem **Sockelkontakt** verbunden. Der Sockel der abgebildeten Glimmlampe hat ein **Gewinde**, sodass man sie in eine **Fassung** schrauben kann.

Glimmlampen sind häufig in elektrischen Schaltern, in Heizanzeigen von Bügeleisen und in Polprüfern.

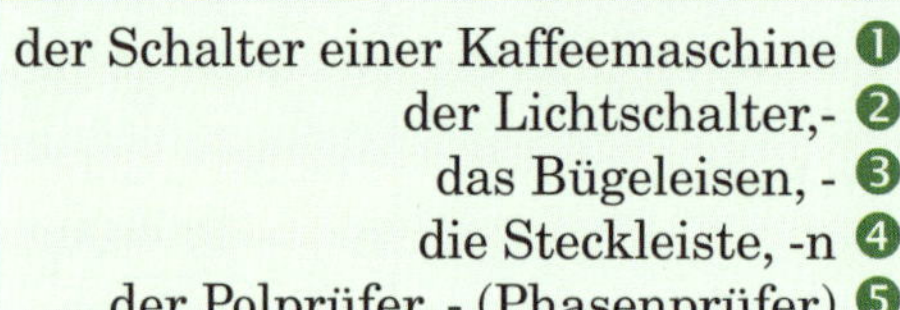
der Schalter einer Kaffeemaschine ❶
der Lichtschalter,- ❷
das Bügeleisen, - ❸
die Steckleiste, -n ❹
der Polprüfer, - (Phasenprüfer) ❺

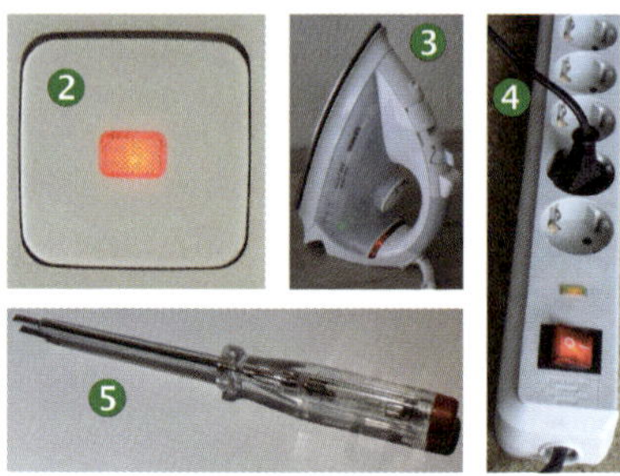

Der elektrische Strom

Versuch: Wir laden ein Elektroskop mit einem PVC-Stab oder einem Acrylglasstab auf. Danach halten wir die Glimmlampe am Sockelkontakt fest und berühren das Elektroskop mit dem Fußkontakt.

Ergebnis: Die Glimmlampe leuchtet kurz auf (Lichtblitz), der Zeigerausschlag des Elektroskops geht sofort zurück.

Wenn eine elektrische Lampe leuchtet, sagen wir, dass **elektrischer Strom fließt**. In unserem Versuch ist die Ladung, die auf dem Elektroskop war, durch die Glimmlampe geflossen. Dieser Strom hat das Leuchten der Glimmlampe verursacht.

Elektrischer Strom ist bewegte elektrische Ladung.

Man kann elektrischen Strom nicht sehen, man erkennt ihn an seinen **Wirkungen**.

der **Strom**, ¨-e
das **Stromnetz**, -e
der **Netzstrom**

Ein Bügeleisen wird heiß (Wärmewirkung), eine Diodenlampe leuchtet (Lichtwirkung), ein Elektromotor treibt einen Kühlschrank an (magnetischen Wirkung). Bügeleisen, Diodenlampe, Kühlschrank sind **elektrische Verbraucher**.

Stromquellen (elektrische Quellen, Spannungsquellen) sorgen dafür, dass ein elektrischer Strom fließt. Ein geriebener PVC-Stab ist zwar eine elektrische Quelle, liefert aber nur einen sehr kurzen Strom. Um elektrische Verbraucher betreiben zu können, braucht man Quellen, die über lange Zeiträume Strom liefern. Wichtig sind Batterien, Akkus und vor allem das **Stromnetz**, das die Elektrizitätswerke mit den Häusern verbindet. Man erhält den **Netzstrom** aus den Steckdosen in den Häusern.

die Batterie, -n ❶; der Akku, -s / der Akkumulátor, -latóren ❷
die Steckdose, -n ❸; der Stecker, - ❹

Übungen

1. Suchen Sie die Wörter im Text.

a)	Lampe, die ein schwaches Licht abgibt	die Glimmlampe
b)	Kontakt an der tiefsten Stelle einer Lampe	
c)	hiermit schraubt man eine Lampe in die Fassung	
d)	mit diesem Gerät macht man Kleidung glatt	
e)	alle elektrischen Verbindungen zwischen dem Elektrizitätswerk und den Häusern	
f)	Strom, der zu den Häusern durch Kabel kommt	
g)	Gerät, das Strom verbraucht	
h)	man braucht es, wenn man an eine Steckdose mehrere Geräte anschließen will	
i)	er ist im Handy und liefert ihm den Strom	
j)	man steckt einen Stecker hinein	
k)	Stromquelle in einem Gerät, die man nicht wieder aufladen kann	
l)	alles, was Strom liefern kann	

2. Das Bild zeigt eine Glühlampe.

Wortliste:
der **Glaskolben**, -
der **Draht**, ¨-e
der **Glühdraht**
der **Haltedraht**
das **Wolfram** (*Metall:* W)
das **Gemisch**, -e
der **Sauerstoff** (Gas: O_2)
der **Stickstoff** (*Gas:* N_2)
das **Argon** (*Edelgas:* Ar)
der **Kontakt**, -e
der **Seitenkontakt**
der **Fußkontakt**
der **Sockel**, -
das **Gewinde**, -
die **Fassung**, -en

Beschreiben Sie eine Glühlampe.
Verben: bestehen aus – gefüllt sein mit – enthält keinen Sauerstoff – elektrisch verbunden sein – Strom fließt von / zu / durch – schrauben – erhitzen – leuchten
Fragen, die Sie in der Beschreibung beantworten sollten: Warum ist ein Isolator zwischen Fußkontakt und Seitenkontakt? Warum hat der Sockel ein Gewinde? Warum gibt es Haltedrähte? Was leuchtet, wenn ein Strom fließt? Warum ist kein Sauerstoff im Glaskolben?

27 Der elektrische Stromkreis

Schaltsymbole

die **Stromquelle** die Spannungsquelle elektrische Quelle	die **Glühlampe**	der **Schalter**	das **Kabel**
	 	 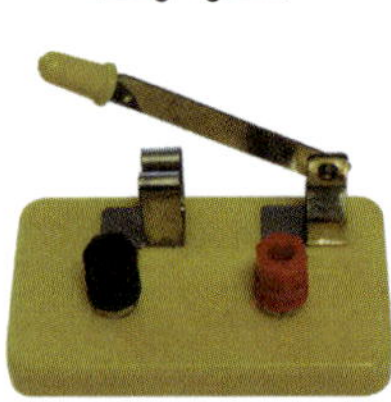	

Die folgenden zwei Bilder zeigen eine elektrische **Schaltung** als Foto.

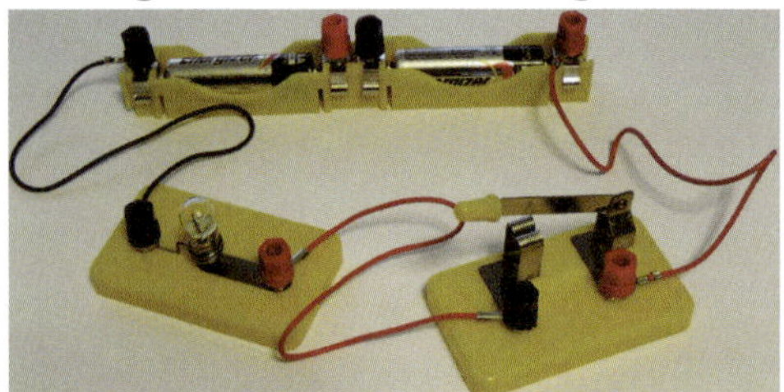

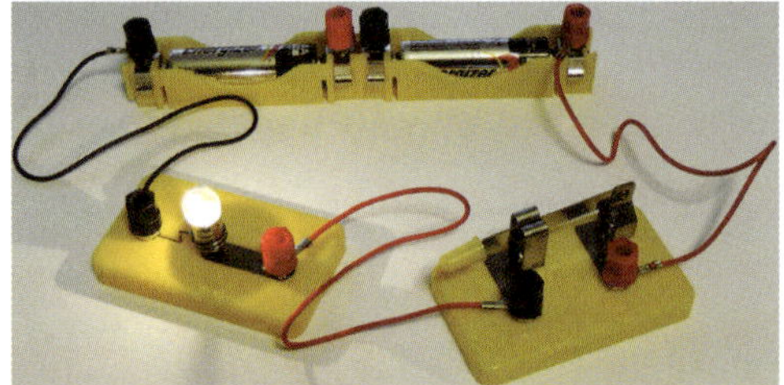

Im linken Bild ist der Schalter **offen**. Wir haben keinen geschlossenen Stromkreis, es fließt kein Strom. Im rechten Bild ist der Schalter **geschlossen**. Wir haben einen geschlossenen Stromkreis, es fließt Strom. Wir wollen feststellen, ob ein Stromkreis offen oder geschlossen ist: Hierzu überprüfen wir, ob der Weg von einem Pol der Stromquelle bis zum anderen Pol irgendwo unterbrochen ist oder nicht. Auf einem Foto kann man das häufig schlecht erkennen. Wenn wir eine Zeichnung mit **Schaltsymbolen** haben, ist das viel einfacher. Die **Schaltskizze** zu den beiden Fotos ist rechts abgebildet.

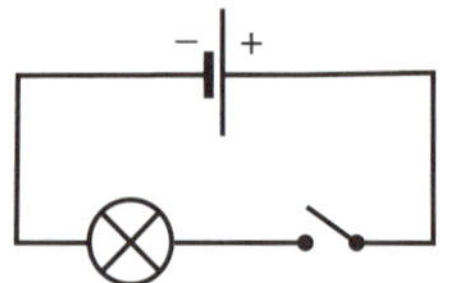

Die Stromrichtung

In Kupferkabeln bewegen sich Elektronen vom Minuspol einer Stromquelle zum Pluspol. Die Richtung vom Minuspol zum Pluspol nennt man **physikalische Stromrichtung**. Viele Gesetze der Elektrizitätslehre wurden aufgestellt, als man den Aufbau der Atome noch nicht kannte. Man hat sich damals auf eine Stromrichtung geeinigt:

> **Konventionelle Stromrichtung:**
> **Positive Ladung** bewegt sich **vom Pluspol** einer Stromquelle **zum Minuspol**. (+ → –)

Meistens geht man von der konventionellen (technischen) Stromrichtung aus.

das **Schaltsymbol**, -e
die (elektrische) **Schaltung**
eine Schaltung zeichnen / skizzieren
die **Schaltskizze**, -n
öffnen – schließen
offen – geschlossen
Man öffnet / schließt den Schalter.
Der Schalter ist offen / geschlossen.
der **Stromkreis**, -e
der **geschlossene Stromkreis**
unterbrechen (unterbricht)
der **Pol**, -e (Pluspol, Minuspol)
fließen (der Strom fließt)
die **Stromrichtung**
die **konventionelle** (technische) Stromrichtung (+ → –)
physikalische Stromrichtung (– → +)

Übungen

1. Setzen Sie die passenden Wörter ein.

a) Wenn wir einen ____________________ Stromkreis haben, fließt Strom.

b) Wenn der Schalter ____________________ ist, fließt Strom.
Wenn der Schalter ____________________ ist, fließt kein Strom.

c) Man nennt eine Stromquelle auch ____________________ oder ____________________ ____________________.

d) Man stellt sich vor, dass positive Ladungen vom Pluspol zum Minuspol fließen. Man nennt das die ______________________ Stromrichtung. In Metallen bewegen sich ________________ vom ________________ zum ________________ der Stromquelle. Man nennt das die ______________________ Stromrichtung.

e) ist ein ________________ für eine ________________. Eine ________________, die man wieder aufladen kann, heißt ____________.

f) Wir bauen eine Schaltung auf. Zuerst verbinden wir den ____________ der ____________________ mithilfe eines ________________ mit einem Anschluss des ________________. Den anderen Anschluss des ________________ verbinden wir mit einem Anschluss einer ________________. Jetzt verbinden wir noch den anderen Anschluss der ________________ mit dem ________________ der ________________. Wenn wir den ________________ schließen, haben wir einen ________________ ________________.

g) In einem ________________ Stromkreis __________ Strom. Wenn wir den ____________________ an einer beliebigen Stelle unterbrechen, kann der Strom nicht mehr ____________.

h) Bei der konventionellen Stromrichtung bewegen sich ________________ Ladungen vom Pluspol zum Minuspol. Die physikalische Stromrichtung gibt die Bewegungsrichtung von ____________________ im Leiter an.

2. Fertigen Sie zu dem Foto eine Schaltskizze mit Schaltsymbolen an.

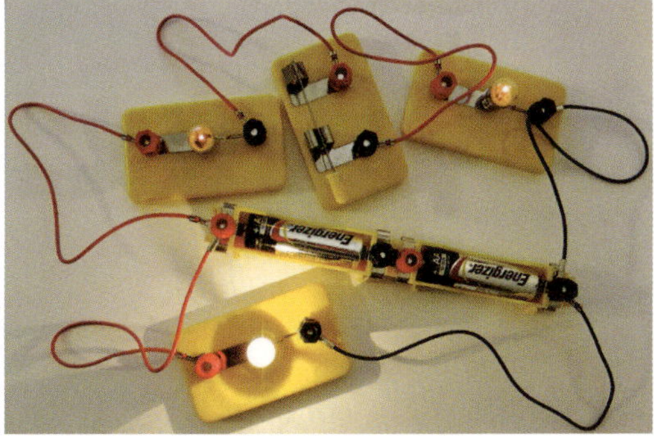

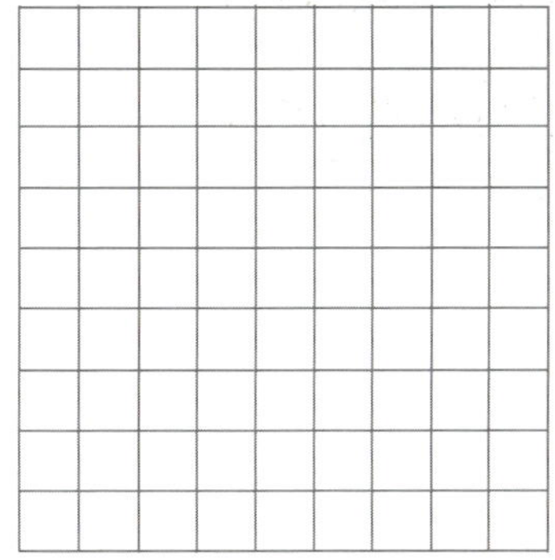

Die elektrische Stromstärke

Eine Stromquelle trennt ständig Ladungen. Positive Ladungen verlassen den Pluspol und fließen durch Kabel und Verbraucher zum Minuspol (konventionelle Stromrichtung). Je mehr Ladung Q in einer Zeit t durch eine Querschnittsfläche eines Leiters fließt, desto größer ist die Stromstärke I. Wir definieren:

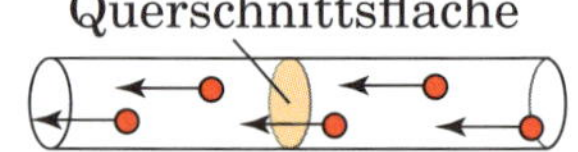

$I = \frac{Q}{t}$	In der Formel ist I die **Stromstärke** und Q die Ladung, die in der Zeit t durch eine Querschnittsfläche des Leiters fließt.

Die Einheit der Stromstärke ist 1 A (ein Ampere). →
(As = Amperesekunde = Ampere mal Sekunde)

$1\ \text{A} = 1\frac{\text{C}}{\text{s}}$	1 C = 1 As

Eine Amperesekunde ist also eine **Ladungseinheit**. Auf Akkus steht häufig, wie viel Ladung der Akku trennen kann, bevor man ihn wieder aufladen muss.

Man kann die auf dem Akku angegebene Ladung in Coulomb umrechnen:

1900 mAh (Milliamperestunden) = 1,9 Ah = 1,9 · 3600 s = 6840 As = 6840 C

Ein Messgerät für die Stromstärke heißt **Strommesser** *(früher:* Amperemeter). Man muss bei einem Strommesser auf die Polung achten. Der positive Anschluss des Strommessers muss in Richtung Pluspol der Stromquelle zeigen, der negative Anschluss in Richtung Minuspol. Ein Strommesser hat häufig mehrere **Messbereiche**. In Abb. ❶ geht der gewählte Messbereich von 0 bis 0,6 A. Der Strommesser zeigt also 0,22 A an.

Man darf einen Strommesser niemals direkt an die Stromquelle anschließen. Der Strom würde den Strommesser zerstören.

Der Strommesser in Abb. ❶ ist ein **analoges Gerät**, also ein Messgerät mit Zeiger und Skala. Heute verwendet man häufig **digitale** Messgeräte, die den Messwert in einem Display in Ziffern anzeigen. Abb. ❷ zeigt ein digitales **Multimeter**. Der Schalter steht auf A (für Ampere), es wird also als Strommesser benutzt. Es kann jedoch nicht nur die Stromstärke anzeigen, sondern auch andere elektrische Größen wie die Spannung (Schalterstellung: V), den Widerstand (Schalterstellung Ω), die Frequenz (Schalterstellung Hz) und mit einer Sonde die Temperatur (Schalterstellung °C/°F).

die **Querschnittsfläche**, -n
die **Stromstärke**, -n
der **Strommesser**, -
die **Polung – polen**
den Strommesser richtig polen
der **Anschluss**, ¨-e
analog (mit Zeiger)
digital (in Ziffern)
das **Display**, -s/die **Anzeige**, -n
ablesen (liest … ab)
das **Multimeter**, -

Übungen

1. **Lesen Sie vor.** (min = Minute, h = Stunde, d = Tag, A = Ampere, C = Coulomb)
   a) 1 h b) 1 s c) 1 min d) 1 d e) 5 h
   f) 2,5 min g) 5 d h) 1 As i) 1 mAh j) 5 Ah
   k) 162 mAh = 0,162 Ah = 583,2 As = 583,2 C
   l) $I = \frac{Q}{t} = \frac{15\ \text{C}}{1\ \text{min}} = \frac{15\ \text{C}}{60\ \text{s}} = \frac{1}{4}\frac{\text{C}}{\text{s}} = 0{,}25\ \text{A}$
   m) $Q = I \cdot t = 0{,}2\ \text{A} \cdot 0{,}5\ \text{h} = 0{,}2\ \text{A} \cdot 0{,}5 \cdot 60 \cdot 60\ \text{s} = 360\ \text{C}$

2. a) **Was ist** der Unterschied zwischen einer analogen Uhr und einer Digitaluhr?
   b) **Begründen Sie**, dass im ersten Absatz auf Seite 60 der Autor die konventionelle Stromrichtung zur Erklärung verwendet.
   c) **Ändern Sie einen Satz**, sodass man die physikalische Stromrichtung zur Erklärung verwendet.
   Elektronen

3. **In den Abbildungen zeigt der analoge Strommesser verschiedene Stromstärken an. Lesen Sie die Stromstärken für die Fälle ab, dass der Messbereich bis 3 A und bis 0,6 A geht.**

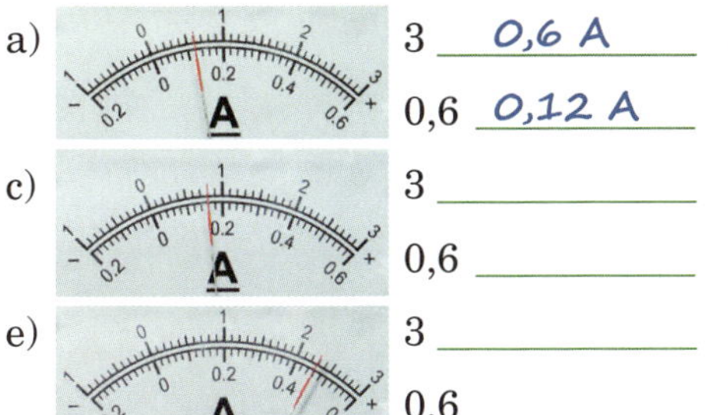

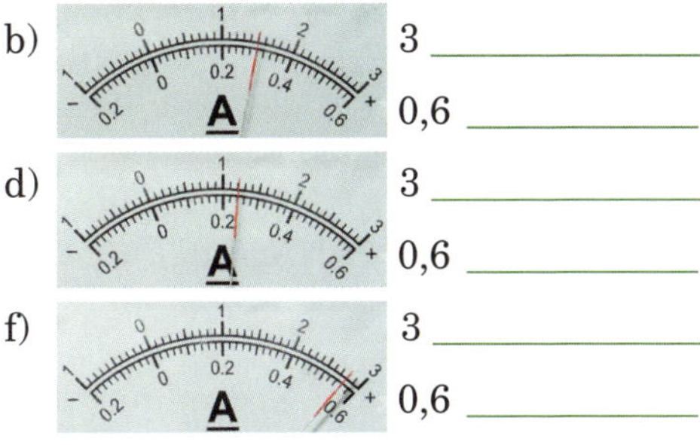

   a) 3 0,6 A 0,6 0,12 A
   b) 3 ____ 0,6 ____
   c) 3 ____ 0,6 ____
   d) 3 ____ 0,6 ____
   e) 3 ____ 0,6 ____
   f) 3 ____ 0,6 ____

4. **Berechnen Sie, wie viel Coulomb der Akku höchstens speichern kann. Lesen Sie Ihre Rechnung vor.**

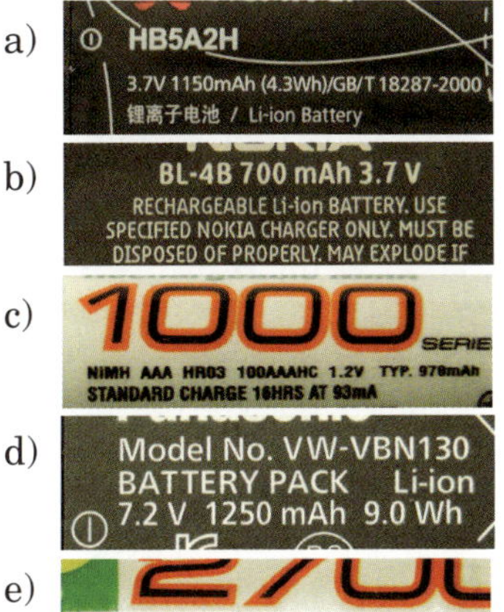

   a) 1150 mAh =
   b)
   c)
   d)
   e)

Die elektrische Spannung

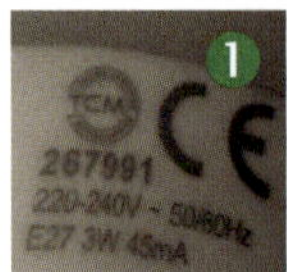

Angaben auf einer Diodenlampe ❶, einem Ladegerät ❷ und einem Akku ❸.

In allen Angaben kommt das Zeichen **V** vor. **V** bedeutet **Volt**. 1 V ist die Einheit der **elektrischen Spannung**.

Die Spannung ist eine Eigenschaft (die „Stärke“) **einer Stromquelle**: Der OUTPUT des Ladegeräts ist 9,3 V ❷ und der Akku liefert die Spannung 3,7 V ❸.

Das **Stromnetz** in Deutschland hat die **Netzspannung** 230 V.

Bei der Diodenlampe ❶ und beim Ladegerät ❷ bedeuten die Spannungsangaben 220 – 240 V bzw. 110 – 240 V, welche Spannungen das Stromnetz haben darf, an das man den Verbraucher anschließt. Der Akku ❸ darf höchstens mit 4,2 V aufgeladen werden. **Eine zu große Spannung kann einen Verbraucher zerstören.**

Was ist Spannung?

- Die elektrische Spannung *U* ist **Ursache für den elektrischen Strom**. Damit sich Ladungen im Stromkreis bewegen können, ist Kraft erforderlich. Die Spannung übt diese Kraft auf die Ladungsträger aus.
- Die elektrische Spannung **wird von der Stromquelle erzeugt**. Hierfür ist Energie erforderlich (chemische Energie in Batterien, Bewegungsenergie bei einem Generator / Fahrraddynamo).
- Die **Einheit** der Spannung ist 1 V (ein Volt).

Messung der Spannung einer Stromquelle

Das Messgerät für die Spannung heißt **Spannungsmesser** (*früher:* Voltmeter). Man schließt es direkt an die beiden Anschlüsse einer Stromquelle oder eines Verbrauchers an. Man muss auf die Polung achten.

Gleichstrom und Wechselstrom

Es gibt **Gleichstrom** und **Wechselstrom**. Aus Batterien und Akkus kommt Gleichstrom, aus dem Stromnetz kommt Wechselstrom. Bei Gleichstrom ist ein Pol der Stromquelle immer positiv (Pluspol), der andere immer negativ. Bei Wechselstrom ist ein Pol im Vergleich zum anderen abwechselnd positiv und negativ. Der Pol, der sein Vorzeichen ständig ändert, heißt **Phase** (**L**), der andere (elektrisch neutrale Pol) heißt **Neutralleiter** (**N**). Das Zeichen ~ in den Bildern ❶ und ❷ bedeutet, dass man das Gerät an eine Wechselstromquelle anschließen muss. Die Angabe der **Frequenz 50 Hz** (Hz = Hertz) bedeutet, dass die Phase 50-mal pro Sekunde positiv und 50-mal pro Sekunde negativ ist. Der Strom wechselt dann 100-mal seine Richtung:
Die Phase ist positiv: Der Strom fließt von P nach N.
Die Phase ist negativ: Der Strom fließt von N nach P.

die **Spannung**
der **Gleichstrom**
der **Wechselstrom**
das **Stromnetz**, -e
die **Netzspannung**
der **Spannungsmesser**, -
die **Phase**, -n
der **Neutralleiter**, -
die **Frequenz**, -en

Übungen

1. **Lesen Sie vor.** (V → Volt, mV → Millivolt, kV → Kilovolt, MV → Megavolt, Hz → Hertz, kHz → Kilohertz, MHz → Megahertz, GHz → Gigahertz)

a) 50 V	b) 3 mV	c) 9 kV	d) 18 MV
e) 1,3 mV	f) 50 Hz	g) 3,9 kHz	h) 9,7 GHz
i) 16,1 MHz	j) 1 kHz	k) 1,1 mV	l) 5,14 V
m) 1 kHz = 10^3 Hz	n) 1 MHz = 10^6 Hz	o) 1 GHz = 10^9 Hz	
p) 1 mV = 10^{-3} V	q) 1 kV = 10^3 V	r) 1 MV = 10^6 V	

s) Das Stromnetz in Deutschland hat die Frequenz 50 Hz und die Spannung 230 V. Früher war die Spannung 220 V.

t) Das Stromnetz in den USA hat die Frequenz 60 Hz und die Spannung 120 V. Früher war die Spannung 110 V.

2. **Verbinden Sie zu einem Satz.**

1.	Ein Fliegennetz	a)	gibt man in die Adresszeile des Browsers ein.
2.	Bei Netzbetrieb	b)	sind Batterien die Stromquelle.
3.	Das Straßennetz	c)	wird von der Spinne gemacht.
4.	Das Spinnennetz	d)	steckt man in die Steckdose.
5.	Die Netzadresse	e)	umfasst alle Wege für Autos.
6.	Bei Batteriebetrieb	f)	ist das Gerät mit der Steckdose verbunden.
7.	Den Netzstecker	g)	schützt vor Fliegen.

3. **Entscheiden Sie, ob die Sätze richtig R oder falsch F sind.**

		R	F
a)	Der elektrische Strom ist Ursache für die elektrische Spannung.		
b)	Die Steckdose hat einen Plus- und einen Minuspol.		
c)	Die Phase der Steckdose ist bei 50 Hz 50-mal pro Sekunde negativ.		
d)	Bei 50 Hz fließt der Strom 50-mal pro Sekunde von der Phase zum Neutralleiter und 50-mal vom Neutralleiter zur Phase.		
e)	Bei 60 Hz ändert der Strom 60-mal seine Bewegungsrichtung.		
f)	Akku und Fahrraddynamo liefern Wechselstrom.		
g)	Eine Batterie liefert Gleichstrom.		

4. **Ergänzen Sie die fehlenden Wörter.**

Die elektrische Spannung ist ________________ für den Strom in einem Stromkreis. Sie übt die erforderliche Kraft auf die ________________ aus. Die ____________ der Spannung ist 1 V. Das ________________ für die Spannung wird Spannungsmesser genannt. Früher hat man es auch ______________ genannt. Die Anschlüsse einer Batterie sind ________________ und Minuspol, die Anschlüsse der Steckdose heißen ________________ und ________________. Die ______________ des Netzstroms ist in Europa 50 Hz.

5. **Erklären Sie, warum sich die Bewegungsrichtung des Stroms durch einen Verbraucher bei der Frequenz 60 Hz 120-mal pro Sekunde ändert.**

30 Reihenschaltung und Parallelschaltung

Die Reihenschaltung von Batterien

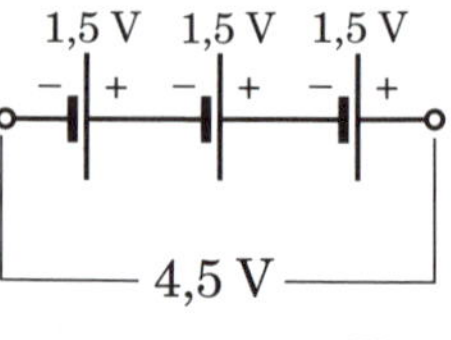

Wir schalten drei 1,5-Volt-Batterien wie im nebenstehenden Bild hintereinander. Wir erhalten eine Stromquelle, die die Spannung 4,5 V hat. Die Batterien sind **in Reihe geschaltet**, wir haben eine **Reihenschaltung** von Batterien.

> Die Spannung einer Reihenschaltung von Batterien ist gleich der Summe der drei Einzelspannungen.

In vielen Geräten, die mit Batterien betrieben werden, muss man mehrere Batterien in Reihe schalten. Das nebenstehende Bild zeigt eine offene Batteriebox in einem elektrischen Gerät mit 1,2-V-Akkus. Obwohl die Akkus nebeneinander liegen, sind sie in Reihe geschaltet. Im Foto sind grün die nicht sichtbaren elektrischen Verbindungen dargestellt. Die Stromquellen auf den Fotos auf den Seiten 58, 59 und 60 bestehen jeweils aus zwei in Reihe geschalteten Batterien.

Reihenschaltung von Verbrauchern

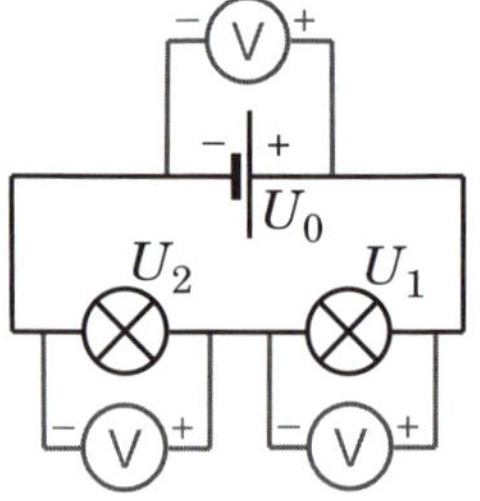

Wir schließen an eine Stromquelle zwei verschiedene Glühlampen in Reihe an. An die Anschlüsse der Stromquelle und an die Anschlüsse der Glühlampen schließen wir jeweils einen Spannungsmesser an. Die Spannung der Stromquelle nennen wir U_0, die Spannungen, die an den Glühlampen **anliegen**, sind U_1 und U_2. Wir lesen die Spannungen ab: $U_0 = 6$ V; $U_1 = 2{,}5$ V; $U_2 = 3{,}5$ V.

> **Reihenschaltung von Verbrauchern:** Die Summe der Spannungen, die an den Verbrauchern anliegen, ist gleich der Spannung der Stromquelle: $U_1 + U_2 = U_0$
> Die Stromstärke ist an jeder Stelle des Stromkreises gleich.

Parallelschaltung von Verbrauchern

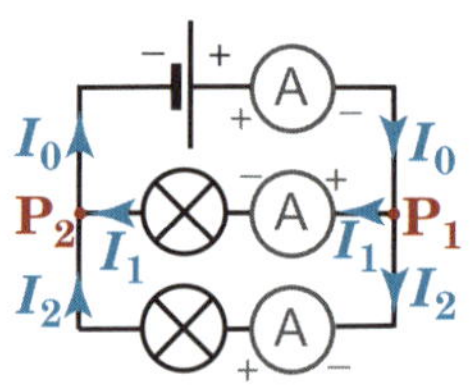

Zwei Glühlampen sind **parallel geschaltet** (Abb. rechts). Drei Strommesser zeigen die Stromstärken I_0, I_1 und I_2 an. Der Strom I_0 fließt aus dem Pluspol der Stromquelle heraus. Im **Verzweigungspunkt** P_1 teilt er sich in zwei Teilströme auf: I_1 fließt durch die obere, I_2 durch die untere Glühlampe. Im Verzweigungspunkt P_2 fließen die beiden Teilströme wieder zusammen und dann gemeinsam als Strom I_0 zur Stromquelle zurück.

> **Parallelschaltung von Verbrauchern:** Die Summe der Ströme, die durch die Verbraucher fließen, ist gleich dem Strom, den die Stromquelle liefert: $I_1 + I_2 = I_0$
> Die Spannung, die an jedem Verbraucher anliegt, ist gleich der Spannung der Stromquelle.

anliegen an$_{Dat.}$ (liegt … an)
eine Spannung liegt an
die **Reihenschaltung**
in Reihe schalten
die **Parallelschaltung**
parallel schalten
der **Verzweigungspunkt**, -e
sich **aufteilen** (teilt … auf)

Übungen

1. Setzen Sie die passenden Verben und Präpositionen ein.
anliegen, anschließen, aufteilen, fließen, schalten; an, durch, in

a) Ein Strom ______________ ______ einen Verbraucher, wenn eine Spannung ______ ihm ______________.

b) Wir haben eine Reihenschaltung aus zwei Verbrauchern. Der Strom ______________ zuerst ______ den ersten und dann ______ den zweiten Verbraucher. Wir addieren die Spannungen, die ______ den beiden Verbrauchern ______________. Ihre Summe ist gleich der Spannung der Stromquelle.

c) Wir haben eine Parallelschaltung aus zwei Verbrauchern. Der Strom, der aus der Stromquelle kommt, ______________ sich ______ zwei Teilströme ______. Ein Teilstrom ______________ ______ den oberen Verbraucher. Der andere Teilstrom ______________ ______ den unteren Verbraucher. ______ beiden Verbrauchern ______________ die gleiche Spannung ______.

d) Wir ______________ ______ eine Stromquelle zwei Verbraucher ______. Wir können die beiden Verbraucher parallel oder ______ Reihe ______________. Bei einer Parallelschaltung ______________ sich der Strom ______ zwei Teilströme ______. Bei einer Reihenschaltung ______________ sich die Spannung ______ zwei Teilspannungen ______.

e) Wenn wir sechs 1,5-Volt-Batterien ______ Reihe ______________, haben wir eine 9-V-Spannungsquelle. Wir ______________ mehrere Verbraucher ______ diese Spannungsquelle ______.

f) Bei einer Reihenschaltung ______________ sich die Spannung ______ Teilspannungen ______.

2. Die folgenden Sätze sind andere Formulierungen von Sätzen auf S. 64.

❶ *In vielen mit Batterien betriebenen Geräten müssen mehrere Batterien in Reihe geschaltet werden.* Seite 64, Zeile ______

❷ *An eine Stromquelle werden zwei verschiedene in Reihe geschaltete Glühlampen angeschlossen.* Seite 64, Zeile ______

❸ *Die Summe der an den Verbrauchern anliegenden Spannungen ist gleich der Spannung der Stromquelle.* Seite 64, Zeile ______

❹ *Die Summe der durch die Verbraucher fließenden Ströme ist gleich dem von der Stromquelle gelieferten Strom.* Seite 64, Zeile ______

a) Geben Sie die Zeilen auf Seite 62 an.

b) Auf Seite 50 steht: *Artikel und Nomen bilden eine* ***Klammer*** *um das Partizip.* In den Sätzen ❶ und ❷ fehlt der Artikel, der mit dem Nomen die Klammer bildet. Welches Wort leitet jeweils die Klammer ein?

31 Widerstand und Ohm'sches Gesetz

Versuch 1: Wir messen für verschiedene Spannungen die Stärke des Stroms, der durch einen Verbraucher R fließt.

Ergebnis: Wir erhalten die folgende **Messtabelle**:

U in V	0,5	1,0	1,5	2,0	2,5
I in A	0,04	0,08	0,12	0,16	0,20

Wir tragen die **Wertepaare** aus der Messtabelle in ein Diagramm ein (rote Punkte). Wir erkennen: Die Punkte liegen auf einer **Ursprungsgeraden**. Das bedeutet: Die Stromstärke ist **proportional** zur Spannung. Die **Proportionalität** erkennt man auch daran, dass man für den Quotienten aus Spannung und Stromstärke immer den gleichen Wert erhält. Man sagt, der Quotient aus Spannung und Stromstärke ist **konstant**.

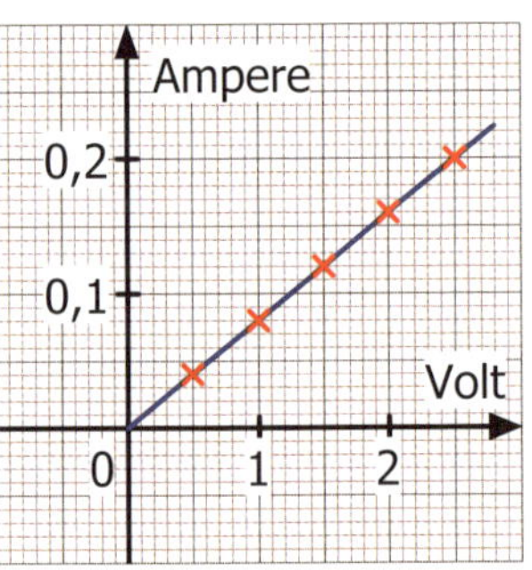

$$R = \frac{U}{I} = \frac{2{,}5\ \text{V}}{0{,}2\ \text{A}} = 12{,}5\frac{\text{V}}{\text{A}} = 12{,}5\ \Omega$$

Man nennt R **Widerstand**. Die Einheit des Widerstands ist 1 Ω (ein Ohm). Je größer der Widerstand ist, desto kleiner ist der Strom, der bei einer bestimmten Spannung fließt.

Ω Omega
griechischer Großbuchstabe

Das Wort **Widerstand** verwendet man für die physikalische Größe R und für einen elektrischen Verbraucher, der den Widerstand R hat.

Für den Widerstand R gilt das **Ohm'sche Gesetz**: Der Strom, der durch einen Leiter fließt, ist proportional zur Spannung, die an dem Leiter anliegt. Ein Widerstand R, für den das Ohm'sche Gesetz gilt, heißt **Ohm'scher Widerstand**.

Versuch 2: Wir ersetzen den Widerstand durch eine Glühlampe.

Ergebnis: Wir erhalten die folgende Messtabelle:

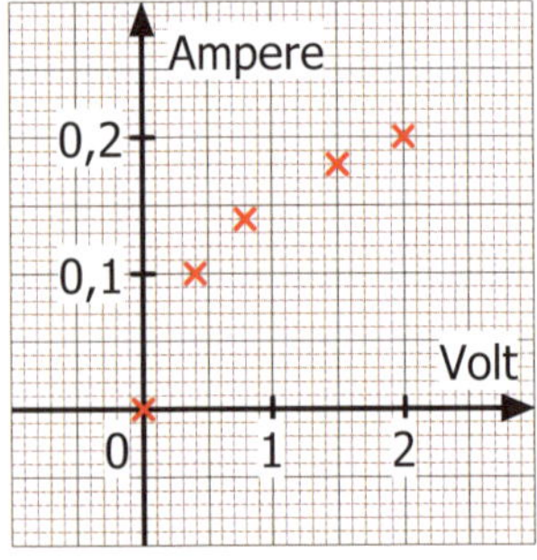

U in V	0	0,4	0,8	1,5	2,0
I in A	0	0,10	0,14	0,18	0,2

Wir tragen die Wertepaare in ein Diagramm ein. Die Messpunkte liegen **nicht** auf einer Geraden. Die Stromstärke ist also **nicht proportional** zur Spannung.

Man beobachtet: Bei 0,4 V leuchtet die Glühlampe noch nicht, bei 0,8 V leuchtet sie sehr schwach rötlich. Danach gibt sie weißes Licht ab und wird mit steigender Spannung heller. Man schließt daraus: Die Temperatur des Glühdrahts nimmt von kleinen zu großen Spannungs- und Stromwerten zu. Wenn die Temperatur zunimmt, wird der Widerstand größer. Das Ohm'sche Gesetz gilt nur, wenn die Temperatur konstant ist.

die **Messtabelle**, -n
das **Wertepaar**, -e
der **Punkt**, -e
der **Messpunkt**
eintragen (trägt … ein)
die **Ursprungsgerade**, -n
proportional
die **Proportionalität**, -en
konstant
der **Widerstand**, ¨-e
der **Ohm'sche Widerstand**

Übungen

1. Der erste Satz auf Seite 66 lautet: *Wir messen für verschiedene Spannungen die Stärke des Stroms, der durch einen Verbraucher R fließt.* Warum steht hier nicht *Stromstärke*, sondern *Stärke des Stroms*?

2. Welches Wort ist gesucht? Nennen Sie bei Nomen den Artikel.

a)	zwei Werte, die zusammen gehören	
b)	Tabelle, die man während der Messung ausfüllt	
c)	Gerade, die durch den Ursprung des Diagramms geht	
d)	Wenn sich a verdoppelt, verdoppelt sich auch b. a und b sind …	
e)	a bleibt immer gleich; a ist …	
f)	a/b heißt …	
g)	Punkt, der ein Wertepaar aus einer Messung im Diagramm darstellt	
h)	Quotient aus Spannung und Stromstärke	

3. Man misst die Spannung, die an einer Leuchtdiode anliegt, und die Stärke des Stroms, der durch die Leuchtdiode fließt. Man erhält die folgende Messtabelle:

$\frac{U}{V}$	2,0	2,2	2,4	2,6	2,8	3,0	3,2
$\frac{I}{mA}$	0,00	0,01	0,04	0,45	4,7	13,4	28,8

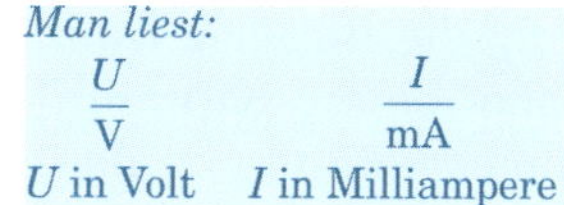

a) Tragen Sie die Messpunkte in das Diagramm ein.

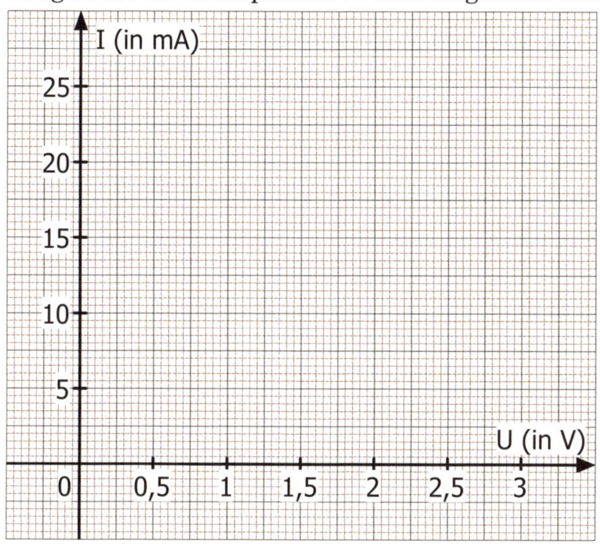

b) Gilt für Leuchtdioden das Ohm'sche Gesetz? Begründen Sie Ihre Antwort.

32 Der Innenwiderstand

Der Innenwiderstand einer Batterie

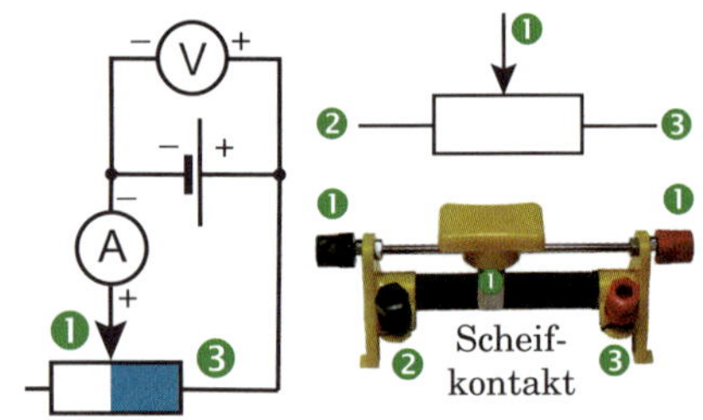

Wir schließen einen Spannungsmesser an eine Batterie an. Er zeigt 1,5 V an. Jetzt belasten wir die Batterie durch einen Verbraucher und messen die Stärke des Stroms, der durch den Verbraucher fließt. Als Verbraucher nehmen wir einen **Schiebewiderstand** (Potenziometer). Ein Schiebewiderstand hat drei Anschlüsse. Wir verwenden nur die Anschlüsse ❶ und ❸. Wenn der **Schleifkontakt** ganz rechts ist, fließt der Strom nur durch einen kleinen Teil des Schiebewiderstands. *R* ist klein und die Stromstärke ist groß. Wenn der Schleifkontakt ganz links ist, fließt der Strom durch den gesamten Widerstand, die Stromstärke ist klein. Der Strom fließt nur durch den blau gekennzeichneten Teil des Schiebewiderstands (Schaltskizze oben). Durch den Spannungsmesser fließt fast kein Strom.

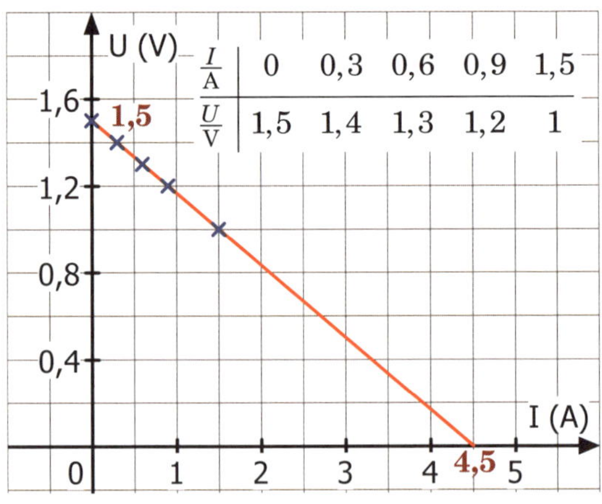

$\frac{I}{A}$	0	0,3	0,6	0,9	1,5
$\frac{U}{V}$	1,5	1,4	1,3	1,2	1

Am Diagramm erkennt man: Wenn die Batterie nicht belastet wird (*I* = 0 A), liegt an ihren **Klemmen** die Spannung **1,5 V** an. Die Klemmen sind die beiden Anschlüsse der Batterie. Je mehr Strom die Batterie liefern muss, desto kleiner ist ihre **Klemmenspannung**. Wenn man die beiden Klemmen direkt miteinander verbindet, d.h., die Batterie **kurzschließt**, hat man einen **Kurzschluss**. Die Klemmenspannung ist dann 0 V und es fließt der Strom **4,5 A**. Die Spannung, die die Batterie im unbelasteten Zustand hat, heißt **Leerlaufspannung**. Der Strom, den die Batterie höchstens liefern kann (bei Kurzschluss: *hier* 4,5 A), heißt **Kurzschlussstrom**.

Erklärung: In einer Stromquelle werden Ladungen getrennt. Hierdurch entsteht die **Quellenspannung**. Die Ladungen müssen durch die Stromquelle zu den Klemmen fließen. Die Materialien der Stromquelle haben einen Widerstand, den **Innenwiderstand**. Bei Kurzschluss **fällt** die gesamte Quellenspannung am Innenwiderstand **ab**.

Der Innenwiderstand von Messgeräten

Wir sind davon ausgegangen, dass durch den Spannungsmesser kein Strom fließt. Das ist jedoch nicht ganz richtig: Durch jeden Spannungsmesser fließt ein sehr kleiner Strom. Sein Innenwiderstand ist sehr groß, aber nicht unendlich. Auch ein Strommesser hat einen Innenwiderstand. Er ist sehr klein, aber nicht null. Am Strommesser fällt daher auch eine kleine Spannung ab.

der **Kurzschluss**, ¨-e
kurzschließen
(schließt … kurz)
der **Kurzschlussstrom**
die **Klemme**, -n
die **Klemmenspannung**
die **Quellenspannung**
die **Leerlaufspannung**
abfallen an$_{Dat.}$,(fällt ab)
der **Innenwiderstand**
der **Schiebewiderstand**
der **Schleifkontakt**, -e

Übungen

1. Aus welchen Wörtern bestehen die Komposita? Was bedeuten sie?

a)	der Spannungsmesser	die Spannung (Nomen)	der Messer (Nomen)*
	Messgerät (= Messer) für die Spannung		
b)	der Schiebewiderstand	schieben (Verb)	
c)	der Schleifkontakt		
d)	die Klemmenspannung		
e)	der Kurzschluss		
f)	der Kurzschlussstrom		
g)	der Leerlauf		
h)	die Leerlaufspannung		
i)	der Innenwiderstand		
j)	die Quellenspannung		

* messen: **der** Messer (Kraftmesser, Strommesser, ...); schneiden: **das** Messer

2. Setzen Sie die fehlenden Wörter ein.

a) Die Klemmenspannung ist kleiner als die Quellenspannung, ________ die Stromquelle einen Innenwiderstand hat. Je mehr Strom durch die Stromquelle fließt, desto ___________ ist die Klemmenspannung. ________ man die beiden Klemmen direkt miteinander verbindet, hat man einen ________________. Es fließt der ___________________________. Die Klemmenspannung ist ______.

b) Der Innenwiderstand eines Spannungsmessers ist _________, der Innenwiderstand eines Strommessers ist ___________.

c) Wir messen die Stärke des Stroms, der durch einen Widerstand ___________. Hierzu schalten wir Strommesser und Widerstand _________________. Wenn wir die Spannung, die an einem Widerstand ________________, messen wollen, müssen wir den Spannungsmesser _______________ zum Widerstand schalten.

33 Elektrische Leistung, Wirkungsgrad, Energie

Elektrische Leistung und Wirkungsgrad

Auf der Rückseite des Ladegeräts ❶ steht die Angabe 16 W. 1 **W** (ein **Watt**) ist die Einheit der (elektrischen) **Leistung**. Die elektrische Leistung gibt an, wie viel elektrische Energie ein Verbraucher pro Zeit in andere Energieformen (z. B. Wärme, Licht) umwandelt. Das Ladegerät nimmt (maximal) 16 W an elektrischer Leistung auf, während es einen Akku auflädt. Ladegerät und Akku werden dabei warm. Ein Teil der aufgenommenen Leistung wird zu chemischer Energie im Akku, ein anderer Teil wird zu Wärme. Das Formelzeichen für die Leistung ist P (*englisch:* power).

> Wenn die Spannung U an einem Verbraucher anliegt und der Strom I durch den Verbraucher fließt, dann nimmt der Verbraucher die **elektrische Leistung** $P = U \cdot I$ auf. Die Einheit der Leistung ist 1 W = 1 VA (ein Voltampere).

Der Verbraucher gibt die aufgenommene Leistung in anderer Form ab: Eine Glühlampe gibt sie in Form von Licht und Wärme ab, ein Elektromotor in Form von Bewegung und Wärme. Eine Glühlampe soll Licht abgeben, sie soll nicht die Wohnung heizen. Ein Elektromotor soll Bewegung erzeugen, aber keine Wärme. Wärme entsteht immer, auch wenn man sie nicht haben will. Man nennt die Leistung, die man haben will (Licht, Bewegung …), **Nutzleistung** P_N. Die aufgenommene Leistung heißt **Leistungsaufnahme** P_A. Der **Wirkungsgrad** η gibt an, wie viel Prozent der Leistungsaufnahme zu Nutzleistung wird.

Der **Wirkungsgrad** η eines Geräts: P_N ist die Nutzleistung. P_A ist die Leistungsaufnahme.	$\eta = \frac{P_N}{P_A} \cdot 100\,\%$

> η Eta
> griechischer Kleinbuchstabe
> Zeichen für Wirkungsgrad

Legt man den sichtbaren Lichtanteil zugrunde, so hat eine normale Glühlampe den Wirkungsgrad 1 bis 2 %. Eine Diodenlampe braucht bei gleicher Helligkeit nur etwa ein Siebtel bis ein Viertel der elektrischen Leistung, ihr Wirkungsgrad ist größer.

Elektrische Energie

Die Angabe 9,0 Wh (Wattstunden) auf dem Akku ❷ ist eine **Energieangabe**. Man kann sie aus den anderen Angaben berechnen:

$$7{,}2\ \text{V} \cdot 1250\ \text{mAh} = 7{,}2\ \text{V} \cdot 1{,}25\ \text{Ah} = 9\ \text{VAh} = 9\ \text{Wh}.$$

$$9\ \text{Wh} = 9\ \text{W} \cdot 3600\ \text{s} = 32400\ \text{J} = 32{,}4\ \text{kJ}.$$

1 J (ein **Joule**) ist die **Energieeinheit**. 1 kJ (ein Kilojoule) = 1000 J.
Ist der Akku ganz aufgeladen ist, so hat er die elektrische Energie 32,4 kJ gespeichert.

> Wenn die Spannung U an einem Verbraucher anliegt und der Strom I durch den Verbraucher fließt, dann nimmt der Verbraucher in der Zeit t die elektrische Energie
> $$E = U \cdot I \cdot t = P \cdot t$$
> auf. Die Einheit der Energie ist 1 J.

> die **Leistung**, -en
> die **Leistungsaufnahme**, -n
> die **Nutzleistung**
> die **Energie**, -n
> der **Wirkungsgrad**, -e

Übungen

1. Lesen Sie vor.

a) 7,2 V · 1250 mAh = 7,2 V · 1,25 Ah = 9 VAh = 9 Wh

b) $\eta = \frac{P_N}{P_A} \cdot 100\,\% = \frac{5{,}11\ \mathrm{W}}{94{,}51\ \mathrm{W}} \cdot 100\,\% = 5{,}4\,\%$

c) 2 Wh = 2 W · 3600 s = 7200 Ws = 7200 J = 7,2 kJ

d) 4 V · 0,5 A · 2 h 30 min = 2 VA · 9000 s = 18000 Ws = 18000 J = 18 kJ

2. Entscheiden Sie anhand des Textes. Wenn die Aussage falsch ist, streichen Sie bitte die falsche Stelle durch und korrigieren Sie sie.

	richtig **R** falsch **F**	**R**	**F**	Korrektur
a)	Der Wirkungsgrad einer Diodenlampe ist etwa ein Siebtel bis ein Viertel einer normalen Glühlampe.			
b)	Die Einheit eine Wattstunde ist eine Leistungseinheit.			
c)	Watt pro Stunde ist eine Energieeinheit.			
d)	3600 Joule sind eine Wattstunde.			
e)	Der Wirkungsgrad ist der Quotient aus Leistungsaufnahme und Nutzleistung mal 100 %			

3. Berechnen Sie den Wirkungsgrad.

a) Ein Küchengerät nimmt 50 W Leistung auf. Seine Nutzleistung ist 28 W.

b) Ein Ladegerät gibt 4 W an den Akku ab und erzeugt dabei Wärme von 1 W.

c) 70 % der Leistungsaufnahme wird zu Wärme.

4. Die Leuchtdiode aus Aufgabe 3, Seite 67, wird mit 3 Volt betrieben. Sie ist Teil einer Lichterkette von 20 gleichen Dioden.

a) Lesen Sie aus der Tabelle für 3 Volt die Stromstärke ab. Berechnen Sie aus Spannung und Stromstärke die Leistungsaufnahme der Diode.

b) Berechnen Sie die gesamte Leistungsaufnahme der Lichterkette.

c) Die Dioden sind parallel geschaltet. Welche Stromstärke muss die Batterie liefern?

d) Die Batterie kann noch 1340 mAh liefern. Wie lange leuchtet die Lichterkette noch?

5. Auf Seite 70 stehen die Sätze:

„Legt man den sichtbaren Lichtanteil zugrunde, so hat eine …“ Zeile 24
„Ist der Akku ganz aufgeladen, so hat er die elektrische Energie …“ Zeile 33

- Handelt es sich um Fragesätze?
- Beschreiben Sie die Aussage der Sätze in eigenen Worten.
- Lesen Sie Lektion 34 und entscheiden Sie, ob Sie die Sätze richtig verstanden haben.

34

Der uneingeleitete Konditionalsatz

Der eingeleitete Konditionalsatz

Der Zusammenhang zwischen Temperatur und elektrischem Widerstand des Glühdrahts in einer Glühlampe ist:

Die Temperatur nimmt zu. ⇒ Der Widerstand wird größer.
Bedingung — **Folge**

Auf S. 66 wird dieser Zusammenhang durch ein **Konditionalgefüge** ausgedrückt:

Der Widerstand wird größer, **wenn** die Temperatur zunimmt.
Folge: Hauptsatz — **Bedingung: Konditionalsatz**

Der **Konditionalsatz** kann **vor** oder **hinter** dem **Hauptsatz** stehen. Wenn er **vor** dem **Hauptsatz** steht, ändert sich die Wortstellung im Hauptsatz.

Wenn die Temperatur zunimmt, wird der Widerstand größer.
Bedingung: Konditionalsatz — **Folge: Hauptsatz**

Wenn der **Konditionalsatz** **vor** dem **Hauptsatz** steht, kann der **Hauptsatz** mit ***so*** oder ***dann*** beginnen. Dadurch wird **Bedingung** – **Folge** noch deutlicher.

Wenn die Temperatur zunimmt, **so** wird der Widerstand größer.
Wenn die Temperatur zunimmt, **dann** wird der Widerstand größer.

Am Wort ***wenn*** erkennt man die **Bedingung**, an ***so*** oder ***dann*** die **Folge**.

Der uneingeleitete Konditionalsatz

Wenn der **Konditionalsatz der erste Satz** ist, kann ***wenn*** wegfallen. Dann beginnt der Konditionalsatz mit dem Verb („*Spitzenstellung des Verbs*“). Konditional- und Hauptsatz haben dann die gleiche Wortstellung wie Ja-nein-Fragesätze.

Nimmt die Temperatur zu, wird der Widerstand größer.
Bedingung: Konditionalsatz — **Folge: Hauptsatz**

Meistens beginnt in diesem Fall der Hauptsatz mit ***so***, manchmal mit ***dann***.

Nimmt die Temperatur zu, **so** wird der Widerstand größer.
Nimmt die Temperatur zu, **dann** wird der Widerstand größer.

Man darf den uneingeleiteten Konditionalsatz und den Hauptsatz nicht mit zwei Fragen verwechseln.

Besuchst du mich heute? Denkst du auch bitte an die CDs? (2 Fragen)
Besuchst du mich heute, vergiss die CDs bitte nicht. (Konditionalgefüge)

Der uneingeleitete Konditionalsatz kommt in Fachtexten sehr häufig vor.
Der Hauptsatz beginnt meistens mit ***so***, manchmal auch mit ***dann***.

Schüttet man Wasser in einen Messzylinder, **so** steigt der Wasserspiegel.
Will man einen Stein hochheben, **so** muss man Kraft aufwenden.
Hast du den Messwert noch nicht notiert, **dann** schreib ihn sofort auf.

Übungen

1. Formen Sie die uneingeleiteten Konditionalsätze in Konditionalsätze mit *wenn* um.

a) Bringt man einen Körper an einen anderen Ort, so ändert sich seine Masse nicht.

b) Nähert man dem Nordpol den Südpol eines anderen Magneten, so stellt man Anziehung fest.

c) Übt man Kraft auf eine ruhende Masse aus, beschleunigt man sie.

d) Will man eine Masse abbremsen, muss man Kraft aufwenden.

e) Wird die Batterie nicht belastet, so ist die Klemmenspannung gleich der Quellenspannung.

f) Fließt ein großer Strom, so ist die Klemmenspannung kleiner als die Quellenspannung.

g) Wird an einer Schraubenfeder gezogen, so wird sie länger.

h) Ist A links und B rechts, so zeigt $\boldsymbol{F}_{AB}$ von rechts nach links.

i) Berühren sich zwei Isolatoren intensiv, gibt der eine Elektronen ab und der andere nimmt sie auf.

2. Bilden Sie jeweils drei Konditionalgefüge: Mit uneingeleitetem Konditionalsatz, mit eingeleiteten Konditionalsatz vor und nach dem Hauptsatz.

a) Der Strom fließt. ⇒ Die Lampe leuchtet.

Fließt der Strom, so leuchtet die Lampe.

b) Die Kraft wirkt nicht mehr. ⇒ die plastische Verformung bleibt bestehen.

Die plastische Verförmung bleibt bestehen, wenn die Kraft nicht mehr wirkt.

c) Die Pole werden direkt miteinander verbunden. ⇒ Man hat einen Kurzschluss.

Wenn die Pole direkt miteinander verbunden werden, hat man einen Kurzschluss.

35 Mechanische Arbeit, Energie, Leistung

Wir heben einen Körper vom Boden auf den Tisch. Hierzu müssen wir auf den Körper eine Kraft nach oben ausüben und ihn dabei nach oben bewegen. Die Kraft hat den gleichen Betrag wie die Gewichtskraft. Die Länge des Wegs ist gleich der Höhe des Tisches. Man sagt: **Wir verrichten Arbeit am Körper**.

> Wenn man auf einen Körper eine Kraft ausübt und der Körper sich dadurch um die Strecke s bewegt, verrichtet man die **mechanische Arbeit** $W = F_s \cdot s$ am Körper. F_s ist die Kraftkomponente, die in Wegrichtung zeigt.

Die Einheit der Arbeit ist 1 J (ein Joule). 1 J = 1 N · 1 m = 1 Nm (ein Newtonmeter).

> **!** **Achten Sie auf die Reihenfolge:** 1 Nm (1 Newtonmeter = 1 Joule)
> 1 mN (1 Millinewton = 0,001 Newton)

1 mJ = 10^{-3} J, 1 µJ = 10^{-6} J (µ = Mikro); 1 kJ = 1000 J; 1 MJ = 1 000 000 J

Wer oder was verrichtet an wem oder woran Arbeit?

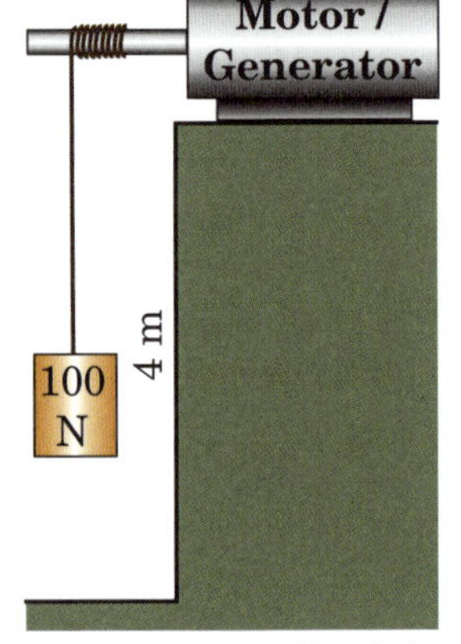

Bewegt sich in der Abbildung das Gewichtsstück nach oben, so verrichtet der Motor Arbeit am Gewichtsstück. Die mechanische Arbeit ist 100 N · 4 m = 400 J. Hat der Motor zum Beispiel den Wirkungsgrad 50 %, so benötigt er für das Heben die elektrische Energie 800 J. Braucht der Motor für das Heben 8 Sekunden, ist die mechanische Leistung 50 W und die hierfür erforderliche elektrische Leistung 100 W. Bei einem 20-V-Motor fließt dann der Strom 5 A.

Bewegt sich das Gewichtsstück nach unten, so verrichtet das Gewichtsstück Arbeit am Generator. Die mechanische Arbeit ist 400 J. Hat der Generator den Wirkungsgrad 50 %, so erzeugt er die elektrische Energie 200 J. Benötigt das Gewichtsstück 8 Sekunden für die 4 Meter, so erzeugt der Generator 8 Sekunden lang die elektrische Leistung 25 W.

Leistung *P*: *W* ist die verrichtete Arbeit. *t* ist die für *W* benötigte Zeit.	$P = \frac{W}{t}$	**!** **Verwechseln Sie nicht:** *W* = 5 J (*W* ist Arbeit) *P* = 4 W (W ist Watt)

Hebt man einen Körper hoch, so verrichtet man **Hubarbeit** am Körper. Die **potenzielle Energie** (Lageenergie) des Körpers wird größer und die eigene Energie nimmt ab (man verbraucht chemische Energie, die im Körper gespeichert ist). Beschleunigt man einen Körper, verrichtet man **Beschleunigungsarbeit** am Körper. Die **kinetische Energie** (Bewegungsenergie) des Körpers nimmt zu.

> Verrichtet ein Körper A an einem Körper B die Arbeit *W*, so nimmt die Energie des Körpers A um den Betrag *W* ab und die Energie des Körpers B um den Betrag *W* zu.

die **Arbeit**
Arbeit **verrichten** an$_{Dat.}$
die **Hubarbeit**
die **potenzielle Energie**
die **Beschleunigungsarbeit**
die **kinetische Energie**
zunehmen (nimmt … zu)
abnehmen (nimmt … ab)

Übungen

1. Lesen Sie die Rechnungen vor.

a) $W = F \cdot s = 3\ \mathrm{N} \cdot 4\ \mathrm{m} = 12\ \mathrm{Nm} = 12\ \mathrm{J}$

b) $W = F \cdot s = 5\ \mathrm{mN} \cdot 3\ \mathrm{mm} = 15 \cdot 10^{-6}\ \mathrm{Nm} = 15\ \mu\mathrm{J}$

c) $W = P \cdot t = 50\ \mathrm{W} \cdot 20\ \mathrm{h} = 1\ \mathrm{kWh}$

2. Setzen Sie ein.

Wenn man einen Körper hochhebt, verrichtet man ________________ am Körper. Die ________________ ________________ des Körpers nimmt zu. Die eigene Energie ____________ _____. Wenn man einen Körper beschleunigt, verrichtet man ______________________. Die ________________ ______________ des Körpers nimmt zu.

3. Ordnen Sie zu.

1.	Arbeit beim Heben	a)	die Zugkraft
2.	Gerät zum Fliegen	b)	der Geruch
3.	Nomen zu *einziehen* (in eine Wohnung)	c)	der Schluss
4.	Vorgang des Hebens	d)	Beschleunigungsarbeit
5.	Kraft beim Ziehen	e)	der Hubvorgang
6.	Arbeit beim Beschleunigen	f)	Flugzeug
7.	Das, was man riechen kann	g)	Hubarbeit
8.	Nomen zu *schießen*	h)	der Einzug

4. Entscheiden Sie, wer oder was an wem oder woran Arbeit verrichtet.

a) Die Person A hebt das Gewicht G einen Meter hoch.

Die Person A verrichtet Arbeit am Gewicht G.

b) Die Person A hält das Gewicht G auf einem Meter Höhe. Das Gewicht ist ihr zu schwer. Sie kann das Gewicht nicht halten und das Gewicht zieht ihre Arme nach unten, bis es auf dem Boden liegt.

____

c) Ein Elektromotor pumpt Wasser auf einen Berg.

____

d) Wasser fließt den Berg herab. Dabei setzt es eine Turbine in Bewegung.

____

e) Ein Fußballspieler schießt einen Fußball in Richtung gegnerisches Tor.

____

f) Eine Kugel A rollt auf eine Kugel B zu. Beim Stoß bleibt die Kugel A liegen und die Kugel B rollt nun.

____

5. Im Text auf Seite 74 stehen 9 uneingeleitete Konditionalsätze. Formulieren Sie sie mit *wenn*.

36 Das passende Verb; Nomen und Verben

Verben zu Strom, Spannung, Arbeit

betragen *für den Betrag von Vektorgrößen und für positive Werte von Größen*
Die Stromstärke **beträgt** 3 A. = Die Stromstärke **ist** 3 A.
Die Kraft **beträgt** 5 N. = **Der Betrag** der Kraft **ist** 5 N.
Die Ladung des Elektrons **ist** $-1{,}6 \cdot 10^{-19}$ C. (***beträgt*** nicht möglich!)

fließen das Wasser **fließt**, der Strom **fließt**, die Ladung **fließt**
die Stromstärke **beträgt / ist** … (***fließt*** nicht möglich!)
Die Stärke des Stroms, der durch den Leiter fließt, beträgt 1 A.

anliegen Die Spannung 3 V **liegt** *am* Widerstand **an**. (an einem Verbraucher)
Die Spannungsquelle (Stromquelle) **hat** die Spannung 3 V.

abfallen Die Spannung 0,3 V **fällt** *am* Innenwiderstand / *am* Kabel zum Verbraucher **ab**. (*Häufig:* Der Spannungsabfall ist nicht erwünscht.)

verrichten Der Körper A **verrichtet** *am* Körper B Arbeit. (A tut etwas, mit B wird etwas getan.) Die Energie von A nimmt ab, die Energie von B nimmt zu. A gibt Energie an den Körper B ab.
Umgangssprachlich hört man manchmal: *Arbeit leisten*. Da die Leistung eine andere physikalische Größe als die Arbeit ist, verwendet man diese Ausdrucksweise in der Physik besser nicht.

Nomen und Verben

Man kann manchmal die Bedeutung eines Nomens erschließen, wenn man das zugehörige Verb findet.

der **Hub**vorgang, die **Hub**arbeit	**heben**, hob, hat gehoben
die **Zug**feder, der Luft**zug**	**ziehen**, zog, hat gezogen
die **Druck**feder, der Luft**druck**	**drücken**
der Strom**fluss**, der **Fluss**	**fließen**, floss, ist geflossen
der **Einfluss**	**beeinflussen**
die **Schub**kraft	**schieben**, schob, hat geschoben
der **Verlust**, der Energie**verlust**	**verlieren**, verlor, hat verloren
der **Bruch** (*Mathematik*)	**brechen**, brach, hat gebrochen
der **Schluss** (A ⇒ B)	**schließen**, schloss, hat geschlossen
das **Schloss** (Schlüssel)	**schließen**, schloss, hat geschlossen
die **Zunahme**	**zunehmen**, nahm zu, hat zugenommen
die **Abnahme**	**abnehmen**, nahm ab, hat abgenommen
der **Beginn**	**beginnen**, begann, hat begonnen
der **Anfang**	**anfangen**, fing an, hat angefangen
das **Ende** (≠ die **Endung**)	**enden**
der **Abrieb** (Materialverlust)	**abreiben**, rieb ab, hat abgerieben
die **Reibung** (Vorgang)	**reiben**, rieb, hat gerieben
die **Anziehung** (Kraft)	**anziehen**, zog an, hat angezogen
die **Abstoßung** (Kraft)	**abstoßen**, stieß ab, hat abgestoßen
der Pol**prüfer** (Gerät)	**prüfen**
der Strom**messer** (Gerät)	**messen** (misst), maß, hat gemessen

Übungen

1. In den Sätzen sind einige Verben falsch gewählt. Korrigieren Sie die Sätze. Manchmal muss man auch die Präposition ändern.

a) Die Ladung des Elektrons beträgt $-1{,}6 \cdot 10^{-19}$ C.

b) Fließt durch einen 15-Ω-Widerstand die Spannung 3 V,

so liegt am Widerstand die Stromstärke 0,2 A an.

c) Wenn man einen Körper hochhebt, übt man Hubarbeit auf den Körper aus.

Die Energie der hebenden Person wird ausgeübt,

der gehobene Körper erfährt diese Energie.

2. Sie können die Bedeutung erkennen, wenn Sie das Verb finden.

		Verb	Bedeutung des Worts
a)	das Fluchtfahrzeug		
b)	das Fundstück		
c)	der Fahrzeugantrieb		
d)	der Frost		
e)	der Knochenbruch		
f)	der Langstreckenflug		
g)	der Sonntagsanzug		
h)	der Brandgeruch		

3. Setzen Sie die passenden Verben ein.

a) Wenn man auf einen Körper eine Kraft nach oben ____________________, ____________________ man Hubarbeit am Körper. Die Energie des Körpers ____________________ und die eigene Energie ____________________.

b) Die Quellenspannung einer Stromquelle beträgt 5 V. Wir ________________ an die Stromquelle mit zwei Kabeln einen Widerstand ______. Wir messen die Spannung am Widerstand: Es ________________ die Spannung 4,5 V _____. Am Innenwiderstand gibt es einen Spannungsabfall: Am Innenwiderstand ___________ die Spannung 0,3 V ______. An jedem Kabel _____________ eine Spannung von 0,1 V _____.

c) Eine Kraft $\boldsymbol{F}$ ____________ auf ein Fahrzeug. Sie ist nach links ____________. Sie _____________ 5 N. Das Fahrzeug ____________ schneller: Die Kraft $\boldsymbol{F}$ __________________ Arbeit am Fahrzeug.

Stichwortverzeichnis